지형도를 이용한 제주도 기생화산 연구 및 답사

지형도를 이용한 제주도 기생화산 연구 및 답사

|판 1쇄 인쇄 | 2009. 10. 16
1판 1쇄 발행 | 2009. 10. 27

지은이 | 서무송

펴낸이 | 김선기   펴낸곳 | 주식회사 푸른길
출판등록 | 1996년 4월 12일 제16-1292호
주소 | (137-060) 서울시 서초구 방배동 1001-9 우진빌딩 3층
전화 | 02-523-2009   팩스 | 02-523-2951
이메일 | pur456@kornet.net
홈페이지 | www.purungil.com/www.푸른길.kr

ⓒ 서무송, 2009
ISBN 978-89-6291-117-6 93450

지형도를 이용한
제주도 기생화산 연구 및 답사

서 무 송

머리말

제주도 기생화산에 관한 연구는 많은 연구가들에 의해 부분적인 연구가 이루어져 왔다. 그러나 총체적인 연구와 분포도 등 정밀한 연구가 없어 후진들의 연구를 돕기 위한 시도로 본 연구는 착수되었다.

이 연구에서는 제주도 전체가 350매로 구성된, 경위도가 모두 1′30″×1′30″로 제도된 1:5,000 지형도를 기본도로 사용하였고, 이를 다시 1:50,000 지형도 상에 가로세로 100등분 하여 기본도 조견표를 만들었다.

여기에 더하여 최근에 발행된 7′30″×7′30″로 제도된 1:25,000 지형도 21매와 1918년을 전후하여 조선총독부가 발행한 10′×15′ 1:50,000 지형도 10매를 사용하여 한문 표기와 역사성을 검증하였다.

그러나 새로운 대한민국 경위도 원점을 기준으로 한 1:25,000 지형도와 지난날 도쿄 기준점을 기준으로 한 1:5,000 지형도의 좌표상 차이점을 극복하려고 접점을 시도하였으나 실패하고, 1:5,000 좌표를 그대로 활용하였다.

제주도의 기생화산은 통상 360개로 알려져 있으나 필자의 조사 결과 389개로 집계되었다. 그러나 이름만 있고 실체가 없는 기생화산 또는 이름과 실제 위치가 다른 기생화산도 있었다.

필자는 기생화산 연구를 위해 수차에 걸친 답사와 때로는 장기간 체류하면서 이용 가능한 모든 기기를 총 동원하여 현장 답사를 성실히 수행하고 그 결과를 서술하였으나 부족함을 자인하지 않을 수 없다. 독자 여러분의 많은 충고와 의견을 기대한다.

끝으로 제주도의 기생화산에 관한 연구 결과를 책으로 출간할 수 있도록 허락해 준 (주)푸른길의 김선기 사장에게 감사의 마음을 전한다.

부천 중동에서
서무송

차례

1부 제주도 기생화산의 분포 및 분석

1. 연구의 동기 및 방식..........................10
2. 제주도 기생화산 분출 기록..........................13
3. 제주도 기생화산의 총체적 분석..........................16
4. 도폭별 오름의 높이와 중요도..........................26

2부 한라산과 주요 기생화산 답사

01 한라산..........................42
02 삼매봉 하논분지와 중앙화구구 보름이..........................46
03 두산봉(말미오름)과 중앙화구구 알오름..........................49
04 구상화산 성산일출봉..........................52
05 폭렬화구 산굼부리..........................55
06 산굼부리 건너편의 방애오름..........................58
07 제주도 유일의 종상화산 산방산..........................60
08 제주도 최남단에 자리잡은 송악산..........................64
09 서기 1002년 바다에서 솟아 나온 비양도..........................67
10 분석구가 2개나 있는 차귀도..........................70
11 거문오름과 거문오름 구조대..........................72
12 아름다운 화구호 물장올(물장오리)..........................75
13 시황제의 사자가 찾아왔던 영주산..........................78

14 '개 꼬리'가 변하여 '개구리'가 된 오름..................80

15 '왕매'라는 화구호를 가진 금오름(금악)..................82

16 화산 활동 시기를 놓고 이론이 분분한 군산..................85

17 1100고지 탐라각 서쪽의 삼형제오름..................88

18 깔때기 모양의 분화구를 가진 월랑봉..................90

19 작은월랑봉 아끈다랑쉬오름..................93

20 손자와 함께 오른 손자봉(손지오름)..................94

21 용이 누었다가 눈만 남긴 용눈이오름..................96

22 모든 지도에 누운오름으로 기재된 눈오름..................98

23 새미소오름과 삼뫼소라는 이름의 화구호..................100

24 매부리를 닮은 매오름 분화구의 수난..................102

25 숲에 가려 지형도 상에서만 관찰되는 자배봉..................104

26 제주항 배후산지를 이루는 사라봉 공원..................106

27 입지 조건과 전망이 좋은 원당봉(원당오름)..................108

28 분화구 바닥에 삼나무의 검은 테를 두른 아부오름..................110

29 풍부한 약초의 산지로 알려진 백약이오름..................112

30 지형도와 달라 당혹스러운 입산봉..................114

31 복잡한 지형으로 구성된 고내봉..................116

32 절물오름 북서쪽 1km에 있는 거친오름..................118

33 등산로와 주차장이 잘 다듬어진 절물오름..................120

34 방패를 엎어 놓은 것 같은 모슬봉..................123

35 물영아리로 불리는 수령산..................126

36 백록담 크기의 화구호를 가진 사라오름..................128

37 화산체가 비교적 큰 성널오름(성판악)..................130

38 한라산동부횡단도로와 인접한 논고악......................132
39 닥나무가 많다는 저지오름(닥물오름).....................134
40 산록에 기도원이 자리 잡은 바늘오름(바농오름)..................136
41 체오름과 2.5km 길이의 체오름 구조대.....................138
42 남북 봉우리 사이에 큰 분화구를 가진 발이오름.....................140
43 왕이매(메)와 작은 왕이매(메).....................142
44 임금의 말을 사육했다는 어승생오름.....................144
45 꾀꼬리오름으로 표기된 것꾸리오름.....................146
46 비포장도로 거문오름 입구의 붉은오름.....................148
47 1:25,000 지형도에 물찾오름으로 기재된 거문오름.....................150
48 산굼부리 북쪽 1,000m에 자리한 민오름.....................152
49 한라산동부횡단도로 변의 동수악.....................154
50 강풍을 동반한 눈보라 속의 돌오름 답사.....................156
51 우도 소머리오름과 파식동굴 '주간명월'.....................158
52 여러 이름으로 표기된 망오름(느지리오름).....................160
53 송악산 남쪽 앞바다에 솟은 가파도.....................162
54 우리나라 극남에 자리 잡은 마라도.....................165

참고문헌......................167

1부
제주도 기생화산의 분포 및 분석

1. 연구의 동기 및 방식

 필자는 70평생 동안 백두 화산을 비롯하여 중국이 자랑하는 화산공원 우다렌츠(五大連池) 화산군(火山群), 하와이(Hawaii) 섬의 화산 박물관, 미국 애리조나 주의 선셋(Sunset) 화산공원 등을 두루 돌아보았다. 또한 일본 열도를 종주하면서 규슈(九州) 지방의 사쿠라시마(櫻島) 화산과 기리시마(霧島) 화산, 후쿠시마(福島) 현의 반다이(磐梯) 화산, 홋카이도(北海道)의 리시리(利尻) 화산 등도 탐사하고, 인도네시아의 땅꾸반푸라우에도 답사를 다녀왔다. 그러나 한국의 제주도만큼 밀도가 높고 아기자기한 화산 지역은 찾아볼 수 없었다. 더욱이 제주도는 비교가 되지 않을 정도로 월등한 밀도를 가진 기생화산 지대라는 것을 알게 되었다.
 기생화산(parasitic volcano)은 큰 화산체를 중심으로 그 주변에 산재한 작은 화산체를 가리키는 학술 용어로 측화산(lateral cone)이라고도 한다. 기생화산의 종류에는 암재구(scoria cone),

성산 일출봉에서 바라본 한라산과 제주도 동부의 기생화산군.

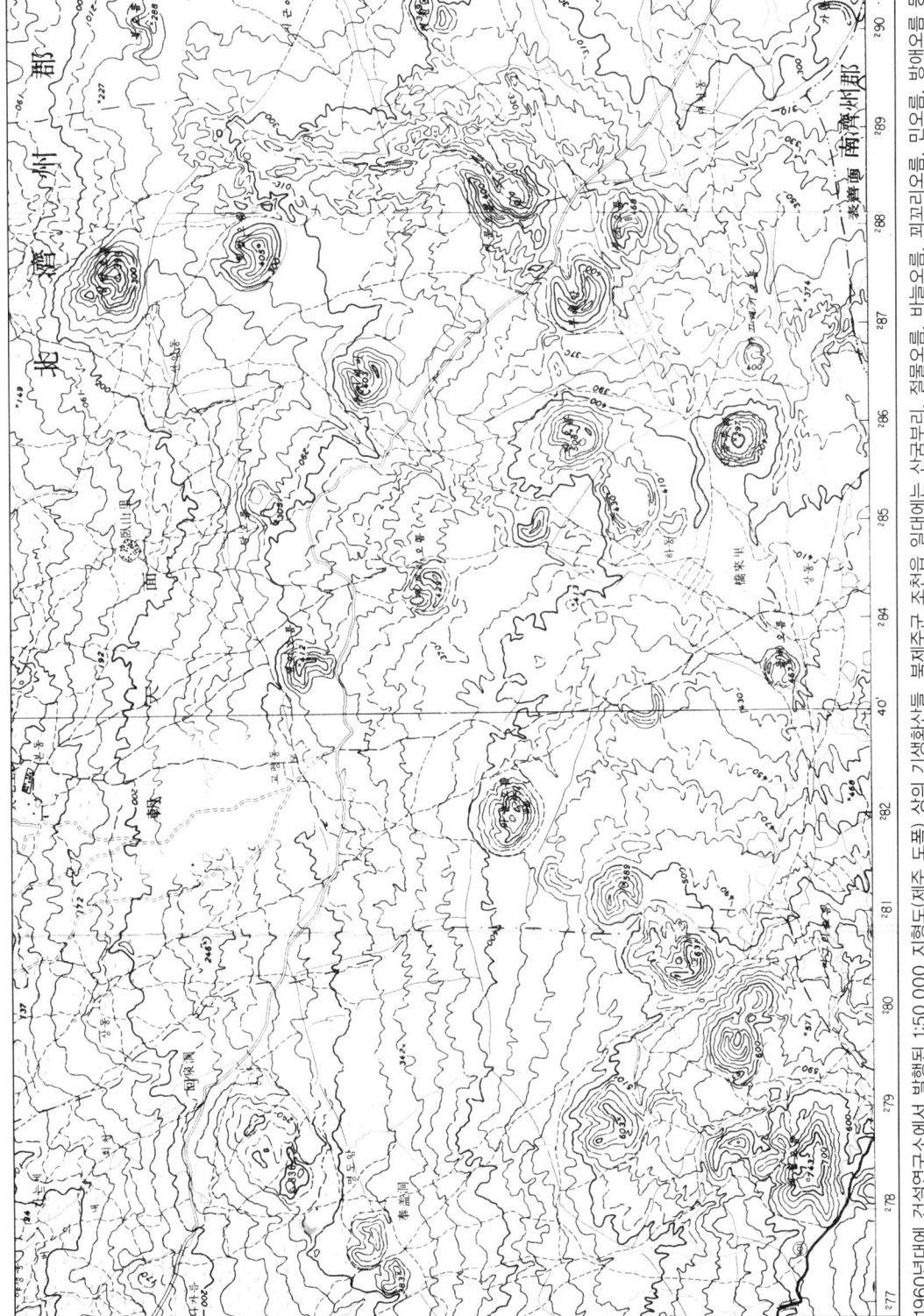

1960년대에 건설연구소에서 발행된 1:50,000 지형도(제주 도폭) 상의 기생화산들. 북제주군 조천읍 일대에는 산굼부리, 정물오름, 바늘오름, 피꼬리오름, 민오름, 방애오름 등 이름 있는 기생화산들이 즐비하다.

1부 제주도 기생화산의 분포 및 분석 | 11

분석구(cinder cone), 부석구(pumice dome), 화산회구(volcanic ash cone), 용암원정구(lava dome), 폭렬화구(maar) 등이 포함된다.

기생화산은 우리나라의 제주도에서는 주로 오름이라는 이름으로 불린다. 또한 1,800여km²의 작은 면적에 한라산을 중심 화산으로 하여 자그마치 400개에 가까운 기생화산이 있어, 제주도는 세계에서 가장 밀도 높은 기생화산의 모식지가 되고 있다.

이번 제주도 기생화산에 대한 연구는 지형도를 통한 분석과 답사를 통해서 이루어졌다. 지형도(1:5,000 1:25,000 1;50,000)를 비롯한 문헌 연구로 거의 1년 남짓한 시간을 국립중앙도서관과 나의 서재에서 보냈다. 현지 조사는 어려움이 많았다. 특히 항공 촬영이 절실히 요청되었으나 그럴 만한 형편이 못 되었다. 그래서 낙엽이 지고 지형 관찰이 비교적 쉬운 겨울철을 택하여 야외 답사를 하였다. 하지만 기생화산체가 있는 현장에 이르면 강풍과 눈보라가 활동을 제약하였고, 중산간 지대에 쌓인 눈은 여러 가지 위험 요소들을 내포하고 있었다.

제주도 기생화산의 분포 분석과 답사는 다음과 같은 방식으로 진행되었다.

1. 1:5,000 지형도 350매를 기초로 1:50,000 지형도 6개 도폭(한림, 제주, 성산, 모슬포, 서귀, 표선) 위에 100등분의 방안을 설정하여 방안 한 칸이 1:5,000 지형도가 되도록 하였다. 그리고 1:5,000 지형도 상에 실재하는 기생화산의 위치를 정밀하게 방안 내에 점묘하여 제주도 전역에 걸쳐 한라산을 주화산으로 한 기생화산 분포도를 작성하였다.
2. 점묘도 작성에 있어서는 범위가 2매의 도폭에 걸치거나 4매의 도폭에 걸치는 경우, 화산체의 이름이 있는 곳과 주봉을 나타내는 위치를 절충하여 표기하였다.
3. 1:5,000 지형도의 모슬포 도폭은 도폭의 군더더기로 서부에 모슬포 120, 130, 140 등 3매의 도폭이 붙어 있던 것을 고산 030, 040, 050으로 개번된 대로 분리하였다.
4. 화산체의 A~D 분류는 화산체의 형태학적 특성, 학술적 가치, 역사성과 전설의 유무, 지역 주민과 학계의 인지도, 각종 지형도·지질도 상의 특징, 접근성과 개발상의 전망, 현지 답사를 통한 확인 절차를 통하여 연구자가 임의로 구분하였다.
5. 이 책에 개별 기술된 52개의 기생화산체는 필자가 답사를 통하여 학술적 가치가 있다고 생각한 것으로, 분포도 상에 저술 순서에 따른 항목 번호를 부여하였다.
6. 기술된 각 기생화산체마다 1:5,000 지형도를 축소하여 삽입하였다.

2. 제주도 기생화산 분출 기록

제주도의 수많은 기생화산들 중 그 형성 기록이 남아 있는 것은 1002년(고려 목종 5년 6월)의 비양도가 유일하다. 제주도 대정현(大靜縣), 바로 오늘날의 북제주군 한림읍 북서쪽에 있는 비양도(飛揚島)의 해중 용출 기록이 〈고려사기〉에 나온다. 이 비양도의 화산 활동 모습은 조선왕조실록 제9대 성종 조(1469~1494)에 노사신(盧思愼)이 저술한 지리지 〈동국여지승람〉에 상세하게 묘사되어 오늘날까지 전해지고 있다. 그 원문을 소개하면 다음과 같다.

高麗穆宗五年六月有山湧海中山開四孔赤水湧出五日而止其水皆成瓦石十年瑞山湧出海中遣大學博士田拱之往視之人言山之始出也雲霧晦冥地動如雷凡七晝夜始開霽山高可百餘丈周圍可四十餘里無草木煙氣羃其上望之如石硫黃人恐懼不敢近拱之躬至山下圖其形以進今屬大靜縣

이를 해석하면 다음과 같다.

고려 목종 5년 6월(서기1002년) 바다 가운데서 산이 솟아나왔다. 산 네 곳이 갈라지고 붉은 물이 솟구쳐 올라 닷새 만에 멈추었는데 그 물은 모두 기와와 같은 돌이 되었다. 목종 10년 서산이 바다 속에서 솟아나왔다. 대학박사 전공지를 보내어 살펴보게 하였다. 사람들의 말에 따르면, 산이 처음 나타날 때 구름과 안개가 자욱하였고 천둥과 함께 땅이 흔들리며 7일 낮밤 계속되었다. 산의 높이는 100여 길이요 주위 40여 리에 초목은 없었다. 연기가 자욱하여 바라본즉 석유황(石硫黃) 같아, 사람들이 두려워 감히 접근하지 못하였다. 전공지가 몸소 산 아래에서 그림을 그려 진상하니 오늘날의 대정현이었다.

그런데 이 내용을 보고 나카무라 신타로(中村新太郞)는 '목종 5년의 분화는 비양도이고, 목종 10년의 분화는 대정현 동쪽의 군산(軍山)'이라고 하였다. 그러나 〈탐라사실신증〉에는 비양도의 이름이 다음과 같이 기록되어 있다. "有山湧出于耽羅海中者卽此島而飛揚之名蓋取諸此歟)." 이

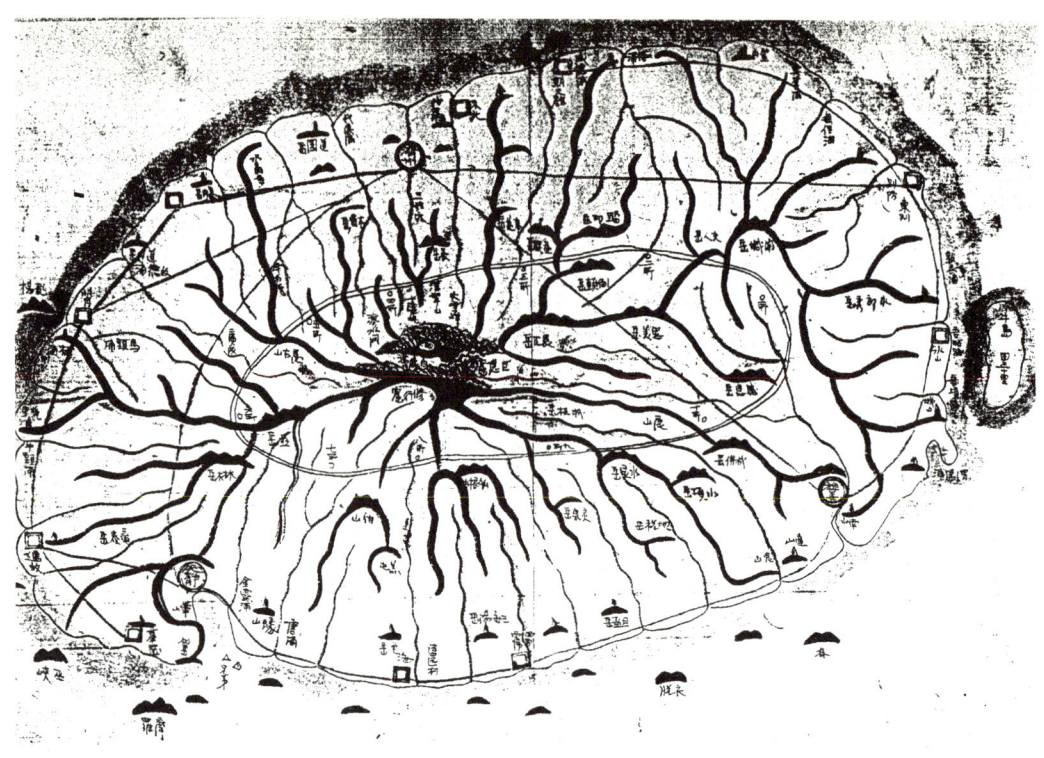

대동여지도 상으로 살펴본 제주도(제주를 기점으로 우회전 함).
- 읍치(邑治) – 제주읍성, 정선읍성, 대정읍성 등 3개소
- 진보(鎭堡) – 화북, 조천, 별방, 수산, 서귀, 해, 모슬, 차귀, 명월, 애월 등 10개소
- 봉수(烽燧) – 사라, 화북봉, 함덕동, 입산, 별방서, 수산북, 성산, 위양, 남산, 달산, 월영, 서귀동, 삼매, 구악, 려산, 모슬, 차귀동, 만리, 권포, 도내, 고내, 도원 등 22개소
- 소(방리)[所(坊里)] – 한라산을 중심으로 산간지대를 돌아가며 동쪽에 1소, 북쪽에 2소, 3소, 4소, 5소, 서쪽에 6소, 남쪽에 7소, 8소, 9소, 10소 등 10개소를 두었다.

기록으로 보면 비양도의 용출은 뒷받침하고 있으나 후자인 군산(軍山)에 대한 기록이 없음으로 나카무라 신타로의 주장은 애매한 것으로 생각된다. 비양도와 군산 간에는 구조적인 연관성이 없으며 군산은 비양도에서 남동쪽 21km 거리에 있다.

한편, 비양도가 바다 속에서 솟아오를 때의 해일로 협재리, 금릉리 및 귀덕 지방의 촌락과 농경지는 물론이요 주민들이 흔적도 없이 사라졌다. 이것은 우리나라 최초의 화산 폭발에 의한 해일로 빚어진 대참사로 기록될 수 있을 것이다. 패각사구 아래에서 옛 집터와 밭이랑 및 유적들이 발견되었다고 전해지고는 있으나 오늘날까지 유적으로 보존된 것은 하나도 없다. 이곳에 조선

시대 중엽부터 새로운 주민이 들어와 살기 시작했다고 김옥민(金玉敏)이 저술한 한림읍지는 전하고 있다.

　필자가 1983년 문화재 관리국의 허가를 얻어 한림읍 협재리 소재 황금굴을 조사할 당시 동굴 내에서 전복을 비롯한 해서동물의 갑각(甲殼)을 발견하였다. 서기1002년 한림읍 일대의 해일 피해의 위력을 짐작할 수 있었다.

3. 제주도 기생화산의 총체적 분석

앞서 기술한 방식에 따라 제주도의 기생화산체를 조사한 결과, 1:5,000 지형도 상으로 보면 389개의 기생화산체가 있고 1:25,000 지형도로 살펴보면 305개가 있다. 그 내용을 분류해 보면 다음과 같다.

1:5,000 지형도 상으로 본 기생화산의 분포 현황(1:50,000 도폭별로 표기함)

도폭명	오름	악	봉	산	기타	A급	B급	C급	D급	기생화산	분화구 수
한림	23	0	4	0	1	9	3	4	12	28	0
제주	57	2	7	1	4	28	10	14	19	71	9
성산	44	2	16	4	0	30	8	12	16	66	17
모슬포	56	13	6	6	6	37	16	10	24	87	15
서귀포	51	20	5	7	13	34	14	18	30	96	9
표선	28	2	5	5	1	16	4	10	11	41	7
합계	259	39	43	23	25	154	55	68	112	389	57

제주도의 기생화산들은 주로 오름이라는 이름으로 불리지만 악, 봉, 산 등으로도 불린다. 그 외에도 기타에 해당하는 25개의 특수한 명칭들이 있는데 다음과 같다.

- 한림 : 노루생이
- 제주 : 우전제비, 산굼부리, 열안지, 물장올
- 성산 : (없음)
- 모슬포 : 비양도, 괴수치, 왕이매, 새끼왕이매, 성둥이머루, 차귀도
- 서귀 : 어승생, 작은두레왓, 동작은두레왓, 큰두레왓, 장구목, 거린사슴, 북거린사슴, 남거린사슴, 예촌망, 망발, 숲섬, 범섬, 문섬
- 표선 : 소소름

다음의 6개 점묘도는 제주도 1:50,000 지형도의 한림, 제주, 성산, 모슬포, 서귀, 표선 등 6개 도폭을 100등분하여 방안 한 칸이 1:5,000 지형도 1매를 나타내도록 하고 기생화산의 분포를 점묘한 것이다. 따라서 이 점묘도들은 제주도의 기생화산 분포 현황을 1:50,000 지형도와 1:5,000 지형도 상으로 동시에 나타낸 것이 되기도 한다. 그 내용을 설명하면 다음과 같다.

1:50,000 한림 도폭에 28개, 제주 도폭에 71개, 성산 도폭에 66개, 모슬포 도폭에 87개, 서귀 도폭에 96개, 표선 도폭에 41개 등 도합 389개의 기생화산체가 있다. 그러나 이들 중에는 이름만 있고 실체가 없는 것, 이름과 실체가 멀리 떨어져 있는 것, 와지에 부쳐진 오름의 이름과 심지어는 돌출된 능선 말단부에 부쳐진 이름도 있었다.

마지막에는 위의 성과를 기초로 제주도 전체의 기생화산 분포도를 만들었다. 한라산과 기생화산체 위에 표시된 숫자는 이 책에 개별 기술된 순서대로 번호를 부여한 것이다.

〈한림〉

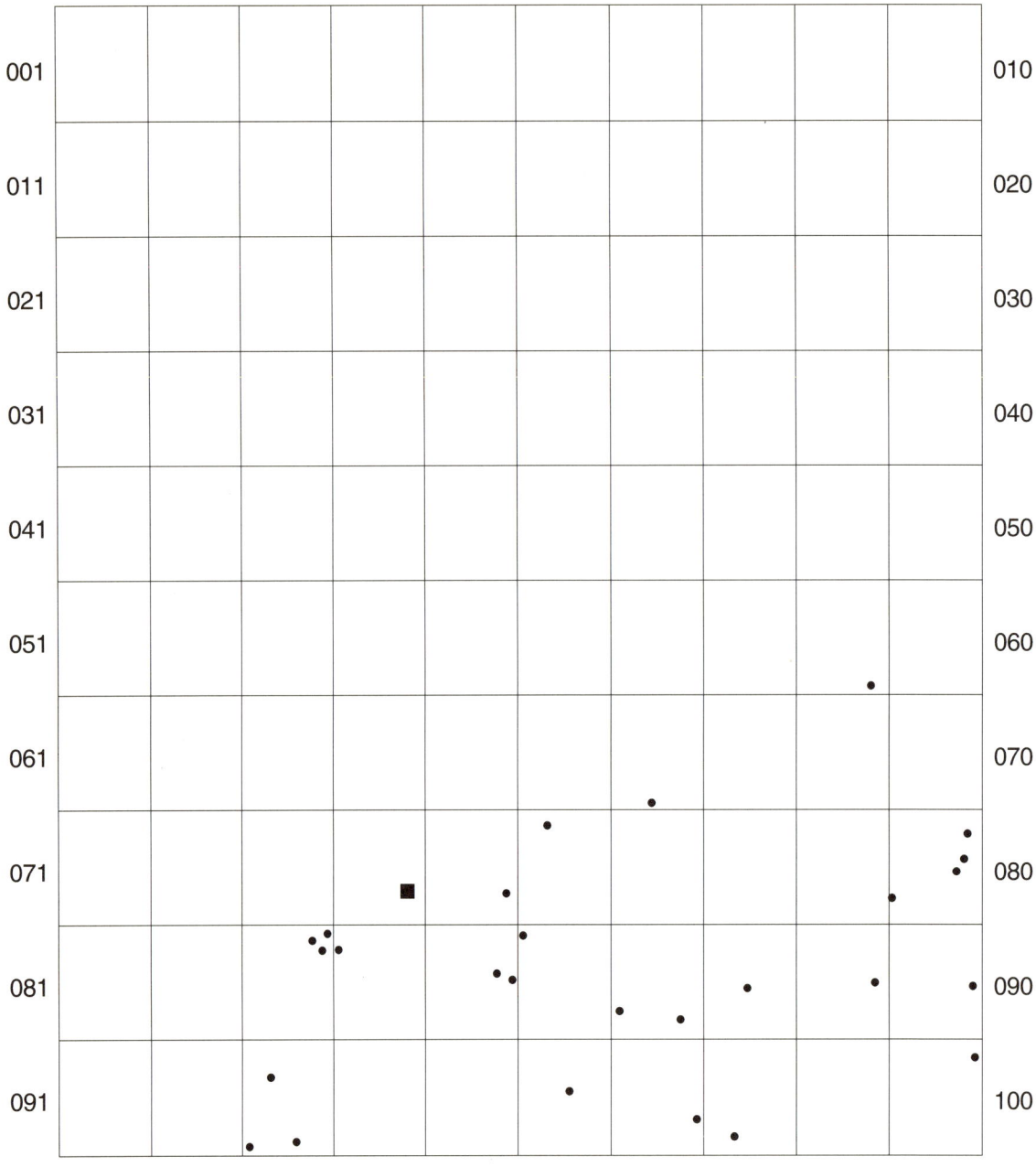

〈제주〉

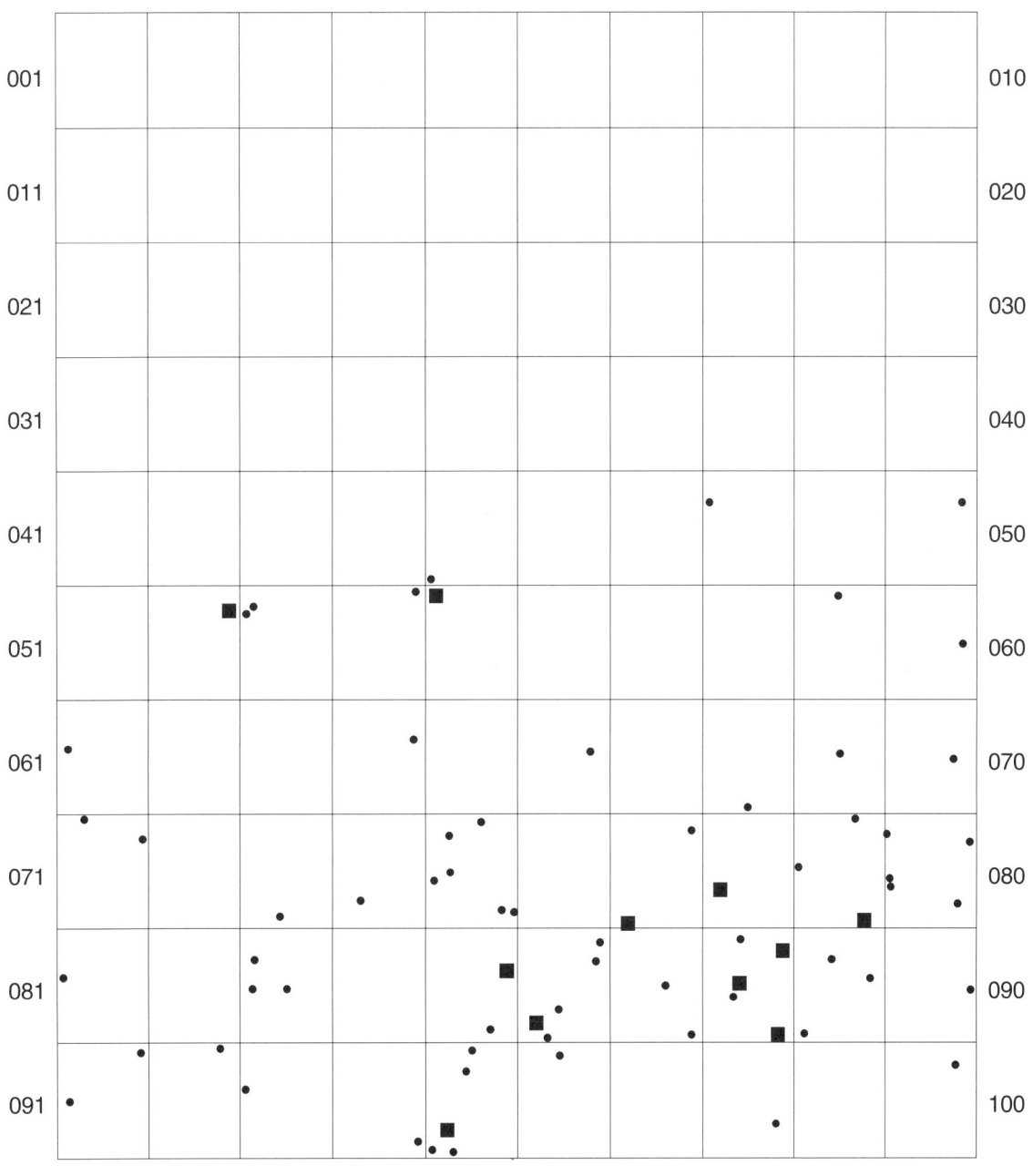

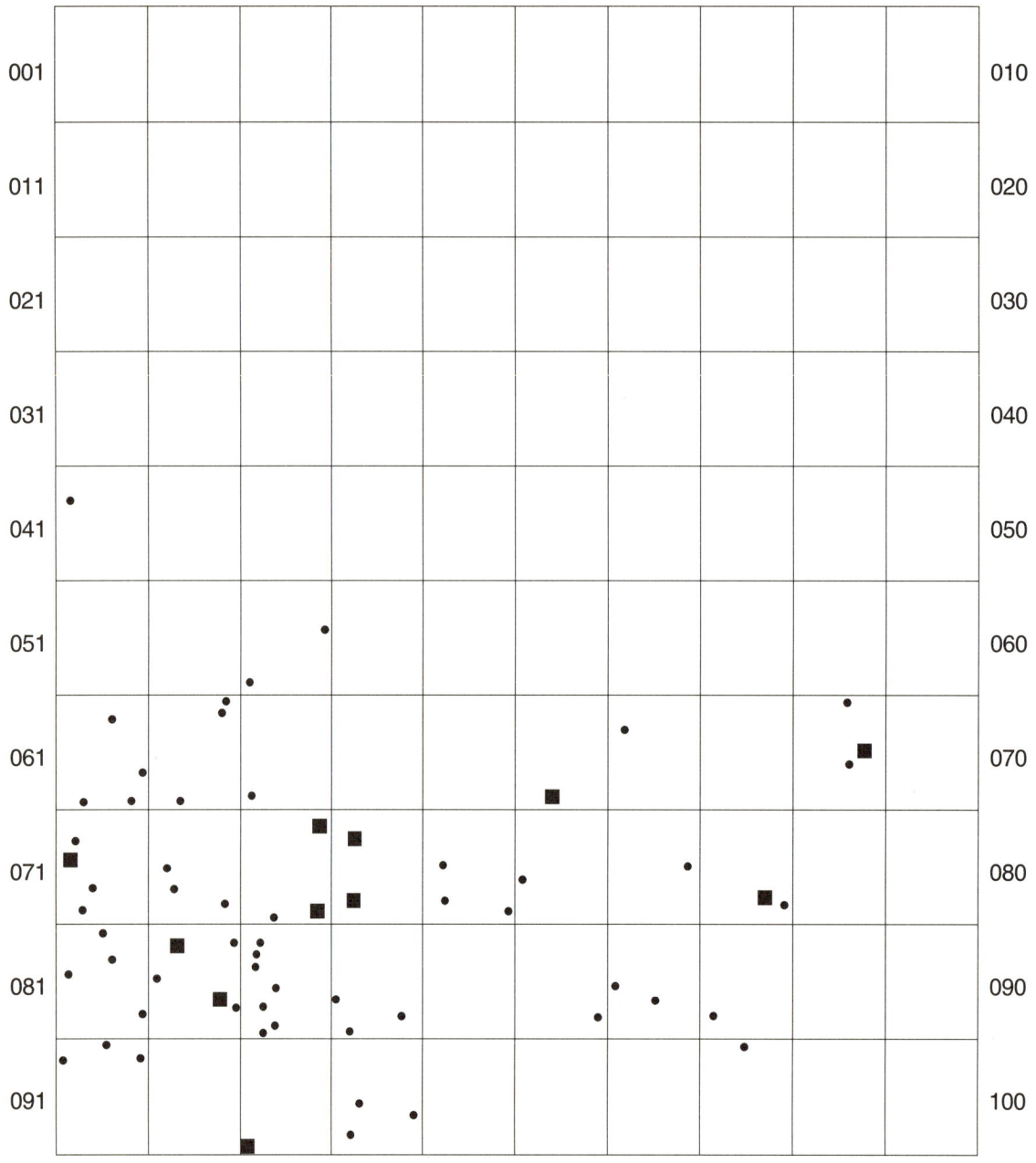

〈성산〉

〈모슬포〉

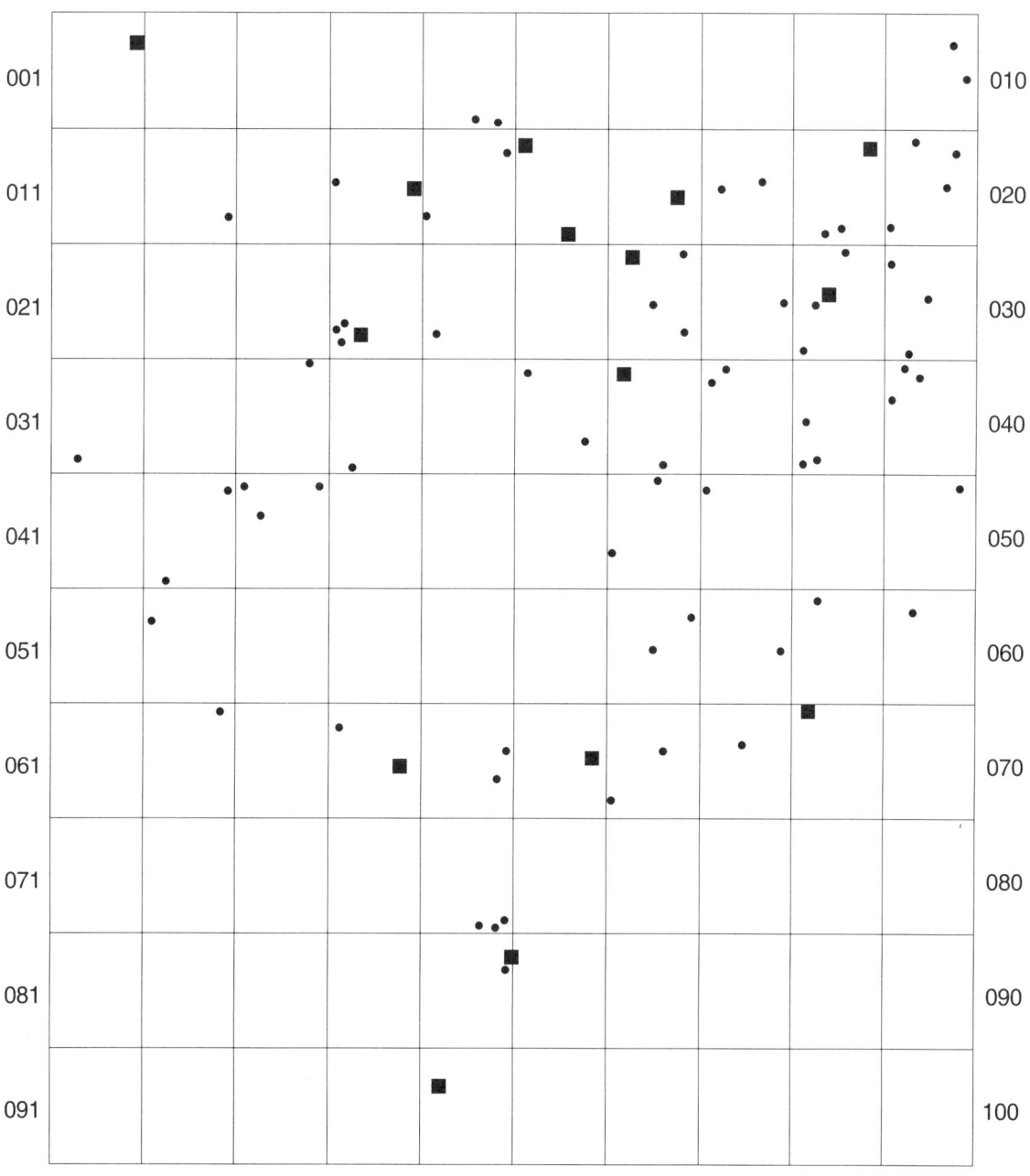

1부 제주도 기생화산의 분포 및 분석 | 21

〈서귀〉

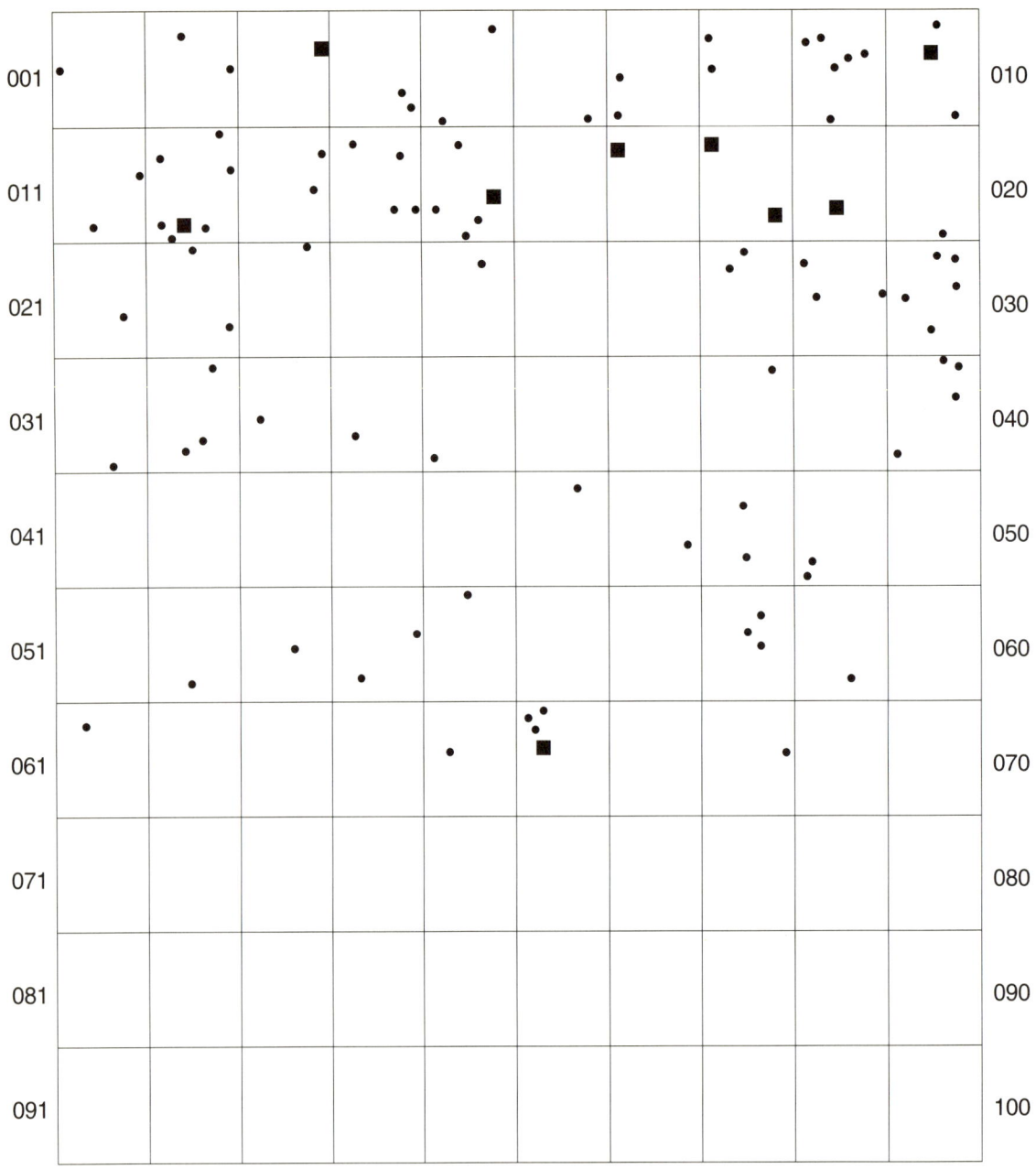

〈표선〉

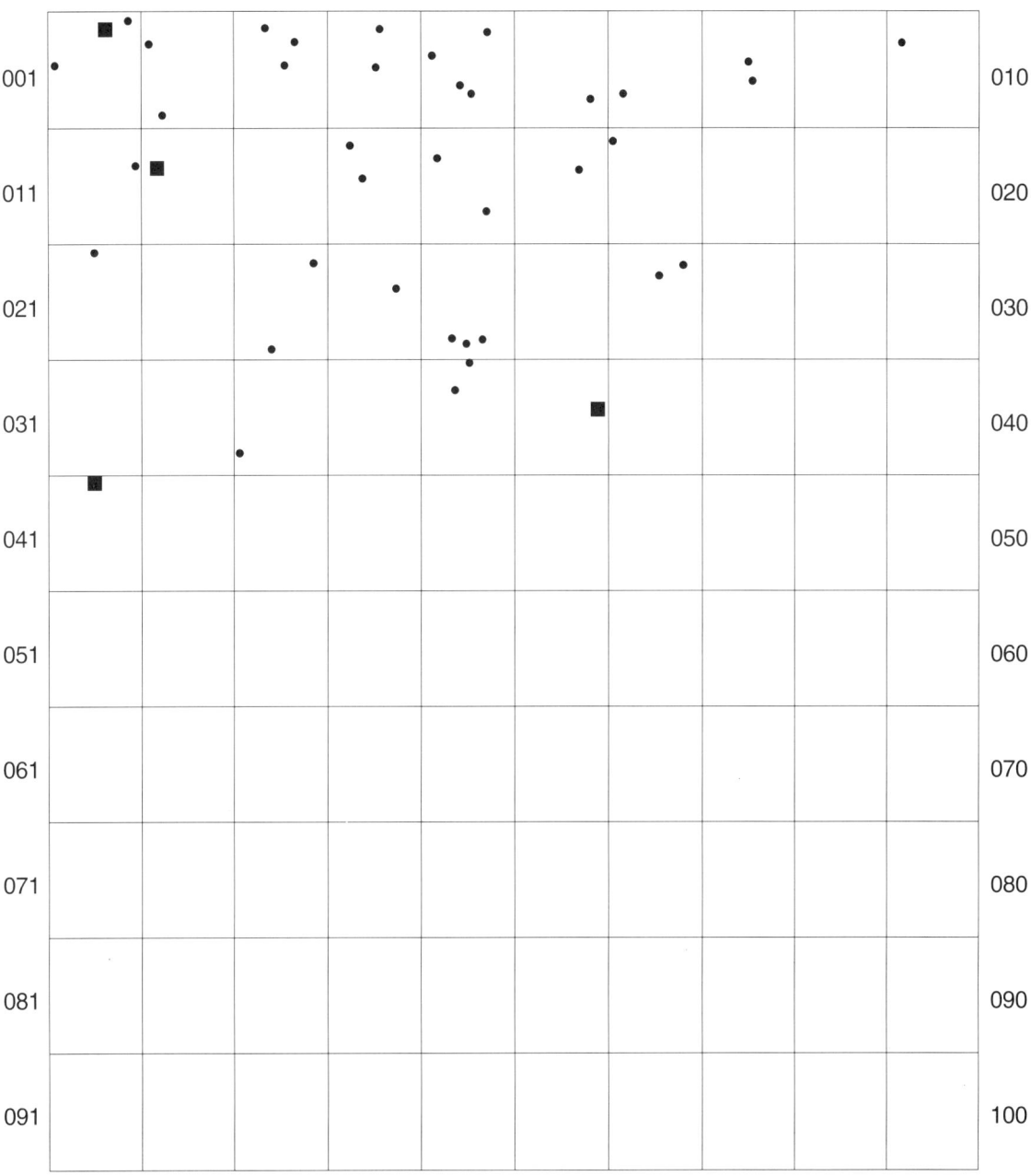

제주도 기생화산 분포도

※ 2부 '한라산 및 주요 기생화산 답사'에서 기술한 순서대로 화산체에 번호를 부여하였다.

1. 한라산
2. 삼매봉
3. 두산봉
4. 성산일출봉
5. 산굼부리
6. 방애오름
7. 산방산
8. 송악산
9. 비양도
10. 차귀도
11. 검은오름
12. 물장올
13. 영주산
14. 개꼬리오름
15. 금오름
16. 군산
17. 삼형제오름
18. 월랑봉
19. 아끈다랑쉬오름
20. 손자봉
21. 용눈이오름
22. 눈오름
23. 새미소오름
24. 매오름
25. 자배봉
26. 사라봉
27. 원당봉(원당오름)
28. 아부오름
29. 백약이오름
30. 입산봉
31. 고내봉
32. 거친오름
33. 절물오름
34. 모슬봉
35. 수령산
36. 사라오름
37. 성널오름(성판악)
38. 논고악
39. 저지오름(닥물오름)
40. 바늘오름(바농오름)
41. 체오름
42. 발이오름
43. 왕이매
44. 어승생오름
45. 것꾸리오름(꾀꼬리오름)
46. 붉은오름
47. 거문오름
48. 민오름
49. 동수악
50. 돌오름
51. 소머리오름
52. 망오름
53. 가파도

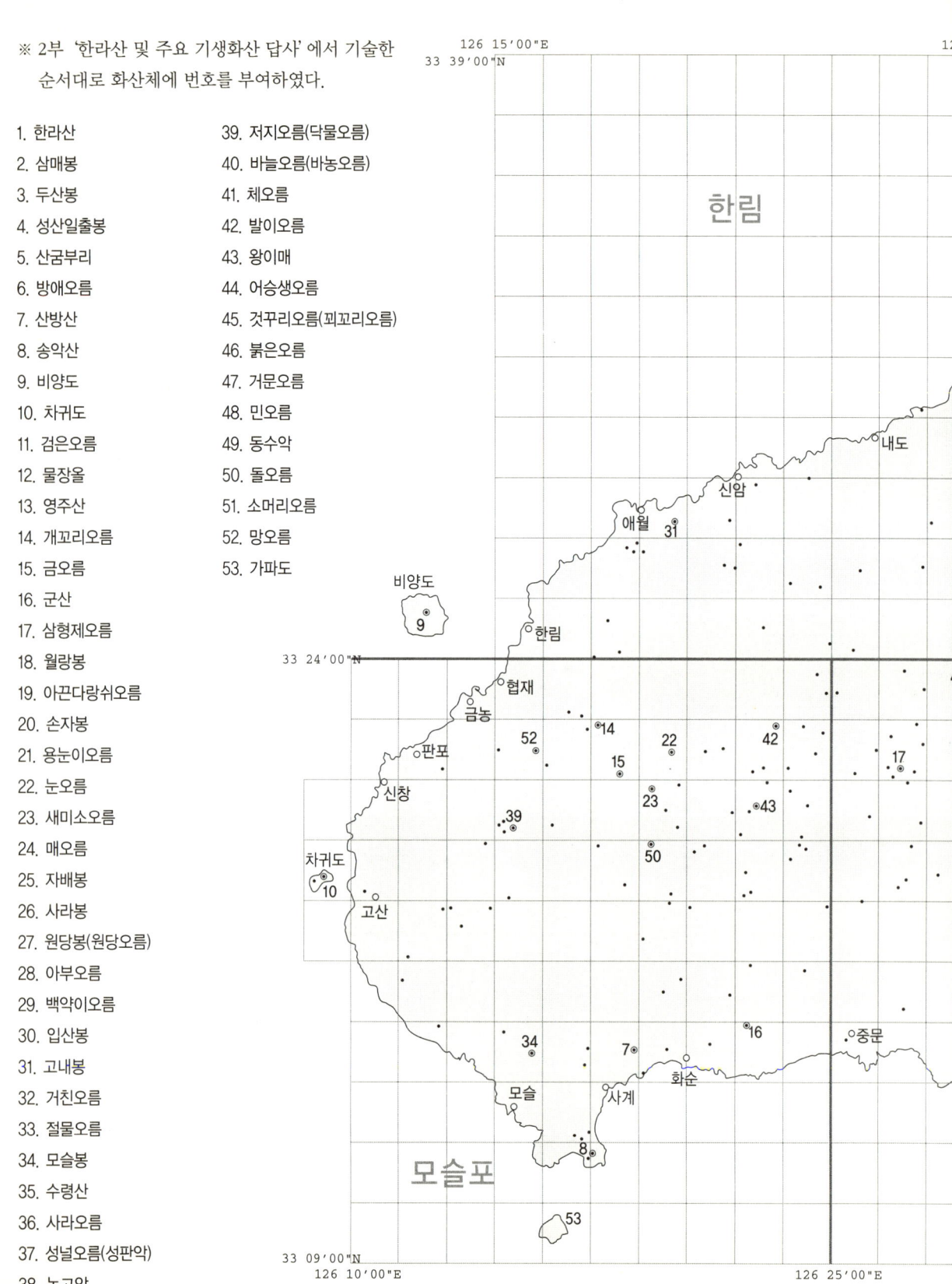

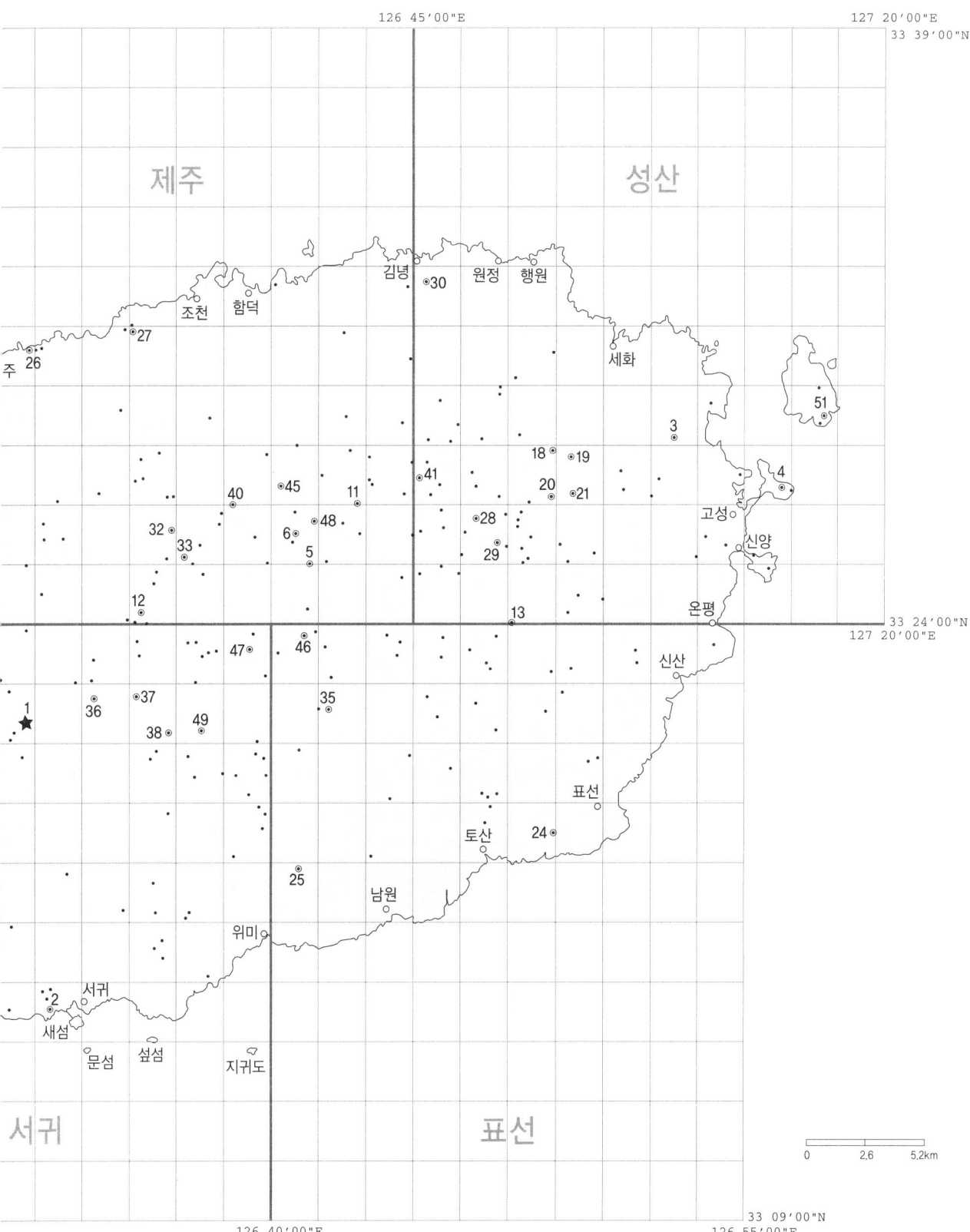

4. 도폭별 오름의 높이와 중요도

    1:50,000 지형도를 100등분한 1:5,000 지형도의 각 도폭별 오름의 이름과 높이, 중요도 등을 기술하였다.

    왼쪽 숫자는 아래 그림에 표기된 도폭별 고유 번호이다. (없음)은 그 도폭에 기생화산체가 없음을 의미한다. 중요도는 화산체의 형태학적 특성, 학술적 가치, 역사성과 전설의 유무, 지역 주민과 학계의 인지도, 각종 지형도·지질도 상의 특징, 접근성과 개발상의 전망 등을 기준으로 필자가 현지 답사를 통한 확인 절차를 거쳐 임의로 분류하였으며, 중요도에 따라 A부터 D까지 있다.

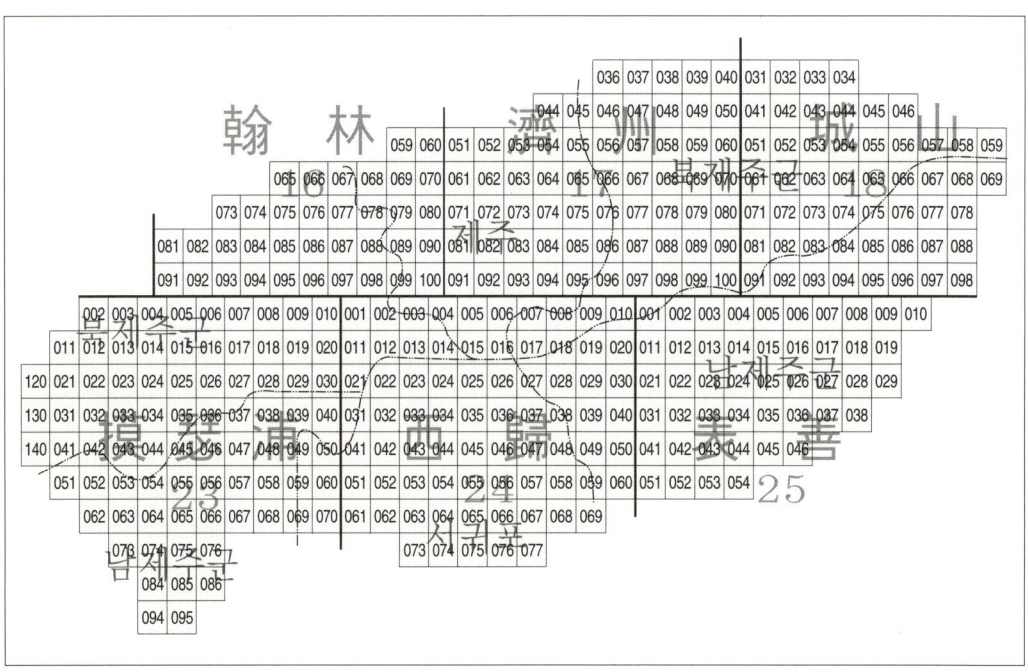

1:50,000 지형도를 100등분한 1:5,000 지형도의 도폭별 고유 번호. 한림 36매, 제주 62매, 성산 52매, 모슬포 80매, 서귀 74매, 표선 46매 등 총 350매의 1:5,000 지형도 도엽이 있다. 1:5,000 지형도 도엽의 고유 번호는 1:50,000 도폭을 100등분한 방안의 위로부터 001, 002, …… 099, 100으로 나뉘어져 있다. 다만 바다는 도폭은 없으나 방안의 고유 번호는 살아 있으므로 1:5,000 일련 번호에 따르면 쉽게 도폭을 찾을 수 있다.

1) 翰林 : 총 36매

059 도두봉(道頭峰)-62.9m-B
060 (없음)
065 (없음)
066 (없음)
067 파군봉(破軍峰)-84.5m-B
068 (없음)
069 (없음)
070 (없음)
073 (없음)
074 고내봉(高內峰)-175.3m-A
075 용마루오름-79.0m-D
076 수산봉(水山峰)-121.5m-A
077 (없음)
078 (없음)
079 (없음)
080 남조순오름-296.7m-A, 광이오름-266.8m-A, 상여오름-245.0m-C, 눈오름-203.5m-D
081 (없음)
082 (없음)
083 광명사오름-102.5m-D, 당능오름-100.0m-C, 못따로오름-100.0m-C
084 과오름-155.0m-A
085 이하니오름-179.3m-D, 한제오름-212.8m-D
086 논오름-127.5m-D
087 극낙오름-313.5m-C, 모남오름-289.1m-D
088 동계밭오름-312.5m-D
089 밝은오름-337.0m-D
090 거문오름(금악, 琴岳)-438.7m-A

091 (없음)

092 (없음)

093 어도오름-143.2m-A, 천아오름-133.6m-D, 막터오름-131.1m-D

094 (없음)

095 (없음)

096 거성레미콘오름-401.5m-B

097 한라목장오름-541.9m-D

098 산세미오름(山心峰)-651.6m-A

099 (없음)

100 노루생이-616.2m

2) 濟州 : 총 62매

036 (없음)

037 (없음)

038 (없음)

039 (없음)

040 (없음)

044 (없음)

045 원당절오름-94.3m-C

046 (없음)

047 (없음)

048 서우봉(犀牛峰)-111.3m-A

049 (없음)

050 묘산오름-116.3m-A

051 (없음)

052 사라봉(沙羅峰)-148.2m-A

053 별도봉(別刀峰)-95.6m-D

054 원당새끼오름-95.1m, 화북봉(禾北峰)-136.0m-A

055 원당봉(元堂峰)-170.7m-A

056 (없음)

057 (없음)

058 (없음)

059 구사산(狗死山)-103.5m-D

060 아흔아홉구비오름-126.2m-D

061 판관밭오름-115.0m-D

062 (없음)

063 (없음)

064 붉은오름-162.9m-D

065 (없음)

066 기시네오름-237.4m-C

067 (없음)

068 당오름-306.4m-D

069 알밤오름-393.6m-A

070 북오름-304.6m-A

071 민오름-251.7m-A, 오등봉(梧登峰)-206.2m-C

072 (없음)

073 관절오름-297.7m-C

074 월하악(月下岳)-341.3m-C

075 연안지오름-328.7m-C, 봉개왓쌍둥이오름-336.6m-326.5m-C,
     발생이오름-391.7m-B, 안생이오름-396.4m-B, 작은노루손이오름-413.8m-D,
     큰노루손이오름-426.6m-C

076 (없음)

077 샘이오름-421.0m-A, 바늘오름-552.1m-A

078 꾀꼬리오름-428.3m-B

079 웟밤오름-416.8m-A, 우전제비-410.6m-A, 거문오름-456.6m-A

080 사근이오름-285.2m-B, 거친오름-354.6m-B, 거문오름구조대, 341.8오름-D,

362.7오름-D, 363.3오름-D

081 동거문오름-438.8m(*한림 090의 동쪽 절반을 합쳐 계산함)

082 (없음)

083 소산봉(小山峰)-412.8m-D, 삼의양오름(三義峰)-574.3m-A, 서삼봉(西三峰)-462.9m-D

084 (없음)

085 거친오름-618.5m-A, 개월북오름-664.0m-A

086 작은지그리오름-504.0m-B, 큰지그리오름-598.0m-A
     절물동오름-643.1m-A, 절물오름-696.9m-A, 절물새끼오름-656.7m-A

087 능서리오름-488.9m-B, 돔배오름-460.8m-C

088 민새끼오름-447.0m-B, 민오름-518.3m-A, 교래본오름-453.4m-A,
     교래남오름-436.0m-C, 산굼부리-437.4m-A

089 부대악(扶大岳)-468.8m-A, 부소오름-469.2m-A, 까끄래기오름-429.0m-B,
     부대새끼오름-395.3m-C

090 송당오름-307.2m-C

091 열안지(列雁地)-583.2m-B, 연동(蓮洞)묘지오름-732.4m-D

092 들위오름-542.4m-D (*사면에 있어 오름의 이름만 있고 실체는 없다.)

093 개미등오름-690.0m-D

094 쌀손장오리-912.5m-A

095 개월오름-743.0m-A, 물장올-937.2m-A, 개달오름-700.5m-C,
     물장새끼오름-846.3m-C, 물장손자오름-849.6m-D

096 지그리오름-580.2m-D

097 (없음)

098 구두리오름-517.0m-A

099 (없음)

100 가문이오름-317.2m-D

3) 城山 : 총 52매

031 (없음)
032 (없음)
033 (없음)
034 (없음)
041 입산봉(立傘峰)-82.0m-B
042 (없음)
043 (없음)
044 (없음)
045 (없음)
046 (없음)
051 (없음)
052 (없음)
053 한두술동산-95.5m-D, 감남굴오름-144.4m-D
054 (없음)
055 (없음)
056 (없음)
057 (없음)
058 (없음)
059 (없음)
061 흘래오름-210.5m-B, 뛰꾸부니북오름-208.7m-D, 뛰꾸부니서오름-254.9m-C, 뛰꾸부니오름-251.6m-C
062 둔지봉(屯地峰)-282.2m-A, 둔지남봉-164.0m-D, 안치오름-191.2m-D
063 돗오름-284.2m-A
064 (없음)
065 (없음)
066 두산봉(斗山峰)-145.9m-A
067 지미봉(地尾峰)-165.3m-A

068	(없음)
069	소머리오름-132.5m-A, 소머리서오름-87.5m-C, 망동산북오름-39.0m-D
071	체오름-381.4m-A, 체새끼오름-310.2m-D, 박돌오름-350.2m-A, 안돌오름-368.2m-A
072	당오름-274.1m-B, 당남오름-253.2m-B, 높은오름-405.3m-A
073	월랑봉(月郞峰)-382.4m-A, 손자봉(孫子峰)-249.5m-A, 양외굴오름-239.8m-D
074	작은월랑봉-198.0m-A, 용눈이오름-247.8m-A
075	은월봉(隱月峰)-179.6m-A, 은월남봉-151.5m-D, 대왕산-157.7m-A
076	소왕산(小王山)-103.0m-C
077	식산봉(食山峰)-60.2m-B
078	성산일출봉(城山日出峰)-172.5m-A, 일출동봉-72.0m-C
081	샘이오름-380.0m-A, 칡오름-303.9m-B, 민오름-362.0m-A, 작은돌임이오름-311.9m-A, 송당동오름-291.2-D
082	아부오름-223.3m-A, 민동오름-274.0m-C, 문석이오름-291.8m-B 백약이오름-366.9m-A, 백약이동오름-127.1m-D
083	동거문오름-340.0m-A, 동거문새끼오름-310.8m-C, 좌보미뱅띠오름-264.9m-D, 좌보미오름-342.0m-A, 좌보미북오름-260.2m-C, 좌보미남오름-301.9m-B, 진머르오름-297.0m-C
084	궁대악(弓帶岳)-238.8m-C, 후곡악(後曲岳)-206.2m-D, 남거봉(南擧峰)-185.1m-C
085	(없음)
086	까마귀오름-67.0m-D
087	대수산봉(大水山峰)-137.4m-A, 소수산봉(小水山峰)-53.0m-C
088	(없음)
091	성불오름-361.7m-A, 비치미오름-344.1m-A, 개오름-344.7m-A
092	영주산(瀛洲山)-326.4m-A
093	(없음)
094	나시리오름-164.0m-D, 유건에오름-185.8m-A, 모구리오름-232.0m-A
095	(없음)
096	(없음)

097   (없음)

098   등대탑오름-33.0m-D

4) 摹瑟浦 : 총 80매

002   비양도(飛揚島)-114.1m-A (*인위적으로 삽입한 지도 번호, 실제 위치와 다름)

003   (없음)

004   (없음)

005   명월오름-148.5m-D, 방주오름-163.3m-D

006   (없음)

007   (없음)

008   (없음)

009   (없음)

010   작은오름-597.2m-C, 큰오름-833.8m-A

011   (없음)

012   판포오름-93.4m-C

013   (없음)

014   정월오름-106.2m-B, 망오름-225.0m-A

015   선소오름-226.0m-B, 밝은오름-182.5m-C

016   개구리오름-253.5m-A, 금오름-427.5m-A

017   누운오름-407.0m-A

018   모달봉(貌達峰)-448.7m-A, 새별오름-519.3m-A

019   발이오름-763.4m-A, 괴오름-643.0m-A, 동물오름-653.3m-A

020   발이동오름-725.8m-A, 발이동새끼오름-742.0m-B, 다래오름-696.5m-A, 다래동오름-722.4m-C

120   (없음)

021   (없음)

022   (없음)

023　(없음)

024　이계오름-167.7m-C, 저지오름-230.2m-A, 마오름-122.0m-D, 일체동산-136.1m-D

025　마중오름-168.6m-B

026　(없음)

027　새미소오름-373.5m-A, 밝은오름-379.9m-D, 정물오름-466.5m-A, 당오름-473.0m-A

028　괴수치-520.4m-C

029　폭나무오름-645.5m-A, 왕이매-612.4m-A, 새끼왕이매-558.7m-B,
　　　조근대비악(朝近大妣岳)-541.2m-B

030　빛내오름-658.6m-A, 마통쌍오름-663.2m-B, 영아리북오름-693.0m-A

130　차귀오름-61.4m-B, 고산등대오름-51.0m-C

031　당산봉(唐山峰)-148.0m-A

032　(없음)

033　송아오름-98.9m-D *유명무실한 제주도 최소의 오름

034　가마오름-140.5m-B

035　(없음)

036　문도지오름-260.3m-B, 남송악(南松岳)-335.0m-A

037　돌오름-439.6m-A, 북오름-314.3m-B

038　원수악(院水岳)-458.5m-B, 원수동악-439.8m-C

039　술악(戌岳)-496.1m-A, 병악(並岳)-491.9m-A, 작은병악-473.0m-B

040　영아리남오름-686.7m-B, 영아리남동오름-638.0m-D, 영아리남서오름-359.7m-D

140　수월봉(水月峰)-75.0m-D

041　(없음)

042　홍계동산-90.5m-D, 농남봉(農南峰)-83.5m-B

043　구분오름-95.0m-D, 신서악(新西岳)-141.2m-D, 성둥이머루-98.5m-D

044　(없음)

045　(없음)

046　(없음)

047　광해악(廣蟹岳)-246.5m-A, 거린오름-298.2m-A

048　개갱이오름-290.0m-D

049 (없음)

050 모라이악(帽羅伊岳)-510.7m-A

051 (없음)

052 보르미오름-49.0m-D

053 (없음)

054 (없음)

055 (없음)

056 (없음)

057 논오름-186.0m-B, 논남서오름-142.6m-D

058 신산오름-160.0m-D *이름만 있고 실체가 없는 오름

059 고갱이오름(加加岳)-218.4m-C

060 우보악(牛步岳)-301.8m-A

062 돈두악(敦頭岳)-41.9m-D

063 (없음)

064 가시악(加時岳)-106.5m-A, 모슬봉(摹瑟峰)-180.5m-A

065 단산(簞山)-158.0m-A, 금산(琴山)-63.5m-C

066 산방산(山房山)-395.2m-A

067 화강오름(和剛岳)-40.0m-D, 용머리오름-48.5m-D

068 월라봉(月羅峰)-200.7m-A

069 군산(軍山)-334.5m-A

070 (없음)

073 (없음)

074 (없음)

075 문드리오름-40.7m-D, 엄아오름-50.0m-D, 산이수오름-40.0m-D

076 (없음)

084 (없음)

085 송악해안오름-57.6m-D

086 송악산-104.0m-A

094 (없음)

095   (없음)

5) 西歸 : 총 74매

001   작은오름-774.4m-A

002   천아오름-797.0m-A, 천아동오름-804.2m-D

003   어승생(御乘生)-1169.0m-A

004   작은두레왓-1339.2m-A, 동작은두레왓-1321.0m-D

005   능하오름-975.5m-C, 큰두레왓-1612.4m-A

006   흙붉은오름-1380.7m-A

007   돌오름-1278.5m-C, 돌북오름-1184.4m-D

008   불칸디오름-996.3m-C, 어후오름-1016.9m-C

009   괴평이오름-792.1m-A, 괴평이북서오름-810.0m-A, 괴평이북서새끼오름-767.1m-C,
       괴평이첫새끼오름-757.0m-C, 괴평이둘재새끼오름-774.0m-B, 물오름-838.6m-A,
       물새끼오름-741.3m-D

010   거문오름-717.2m-A, 거문북오름-653.3m-A, 거문남오름-552.0m-B

011   노로오름-1069.9m-A, 한대오름-921.4m-B

012   붉은오름-1061.0m-A, 붉은남오름-1076.3m-B, 삼형제오름-1112.8m-A,
       삼형제서오름-1075.0m-A, 삼형제동오름-1142.5m-A, 삼형제새끼오름-1014.0m-D,
       노로동오름-1019.2m-D

013   망체오름-1354.9m-B, 어슬렁오름-1352.6m-A

014   사제비동산-1423.8m-D, 만세동산-1606.2m-D, 윗세오름-1711.2m-C,
       윗세서오름-1698.9m-D

015   윗세동오름-1740.0m-B, 방애오름-1747.9m-D, 윗방아오름-1699.3m-D,
       장구목-1695.5m-D

016   (없음)

017   사라오름-1324.7m-A

018   성널오름-1215.2m-A, 논고악(論古岳)-843.0m-A

019　동수악(東水岳)-700.0m-A

020　거인북악(巨人北岳)-532.7m-B

021　돌오름-865.8m-A

022　버섯전시장오름-983.8m-D, 전시장북오름-1026.4m-D

023　볼래오름-1374.2m-A

024　(없음)

025　아랫방아오름-1584.8m-D

026　(없음)

027　(없음)

028　보리악(保狸岳)-739.6m-D, 보리북악-742.0m-C

029　이승이오름(狸升岳)-539.0m-A, 흑악(黑岳)-590.1m-D

030　거인남악(巨人南岳)-521.0m-A, 거인동악-493.2m, 넉거리오름-479.0m-D, 사려니오름-523.0m-A, 마휴악(馬休岳)-425.8m-C, 멀동남오름-436.6m-B

031　녹하지악(鹿下旨岳)-620.5m-A

032　거린사슴-742.9m-A, 북거린사슴-882.7m-D, 남거린사슴-686.0m-C

033　법정악(法井岳)-760.1m-C

034　어점이악(御點伊岳)-820.1m-D *이름과 위치가 서로 다른 오름

035　시오름(雄岳 : 수컷오름)-757.8m-A

036　(없음)

037　(없음)

038　수악(水岳)-474.3m-B

039　(없음)

040　고이악(高伊岳)-302.0m-C, 생기악(生氣岳)-260.0m-B, 고이북악-292.7m-D, 고이북서악-308.0m-D

041　(없음)

042　(없음)

043　(없음)

044　(없음)

045　(없음)

046   미악산(米岳山)-567.5m-A

047   인정오름-232.5m-D

048   영천악(靈泉岳)-277.0m-A, 칡오름-271.0m-A

049   걸서악(桀西岳)-158.0m-C, 걸서남악-150.0m-C

050   (없음)

051   (없음)

052   구산봉(拘山峰)-174.2m-B

153   궁산(弓山)-187.0m-C

054   고근산(孤根山)-396.2m-A, 월산봉-205.0m-D

055   솟밭내오름-395.0m-D

056   (없음)

057   (없음)

058   서보제동산(西甫祭東山)-153.5m-C, 서보제남서동산-134.0m-D,
       월라봉(月羅峰)-117.8m-D

059   예촌망(禮村望)-67.5m-B

060   (없음)

061   성천봉(星泉峰)-101.2m-D

062   (없음)

063   (없음)

064   (없음)

065   망발-52.6m-D

066   삼매봉(三梅峰)-153.6m-A, 제1하논중앙화구구-85.4m-C,
       제2하논중앙화구구-83.0m-C, 제3하논중앙화구구-75.4m-D

067   (없음)

068   제지기오름-94.8m-B

069   (없음)

073   (없음)

074   (없음)

075   (없음)

076 (없음)

077 (없음)

6) 表善 : 총 46매

001   붉은오름-569.0m-A, 붉은서오름-548.5m-C, 붉은동오름-49.6m-B

002   쳇망오름-444.6m-B, 영아리오름-514.0m-A

003   소록산(小鹿山)-441.9m-A, 대록산(大鹿山)-474.5m-A, 대록남산-346.7m-D

004   따라비오름-342.0-A, 따라비새끼오름-301.2-C

005   모지오름-305.8m-A, 차자오름-230.3m-D, 장자오름-215.9m-D,
      장자남오름-194.2m-D

006   남산봉(南山峰)-173.8m-C

007   본지오름-150.3m-C

008   통오름-143.1m-B, 독자봉(獨子峰)-159.3m-C

009   (없음)

010   장수오름-41.3m-D

011   물영아리산-454.0m-C

012   수령산(水靈山)-508.0m-A

013   (없음)

014   번널오름-272.3m-B, 병곳오름-288.1m-A

015   설오름-238.0m-A, 갑선이오름-188.2m-A

016   쇠진오름-148.8m-D

017   진물오름-127.4m-D

018   (없음)

019   (없음)

021   민오름(敏岳)-446.8m-A

022   (없음)

023   여절악(如節岳)-209.8m-D, 쇄개오름((雄岳)-168.0m-D *유명무실

024   소소름-162.4m-C

025   가세오름-200.5m-A, 염통오름-133.3m-D, 톨모루오름-127.5m-D

026   (없음)

027   달산봉(達山峰)-136.4m-A, 달산동봉-87.5m-C

028   (없음)

029   (없음)

031   (없음)

032   (없음)

033   넉시오름(魄犁岳)-146.2m-C

034   (없음)

035   토산악(兎山岳)-176.6m-A, 알오름-141.9m-C

036   매오름-136.7m-A

037   (없음)

038   (없음)

041   자배봉(雌輩峰)-211.3m-A

042   운지악(雲之岳)-106.0m *이름만 있고 실체가 없어 계산에서 제외

043   (없음)

044   (없음)

045   (없음)

046   (없음)

051   (없음)

052   (없음)

053   (없음)

054   (없음)

2부
한라산과 주요 기생화산 답사

⊙1 한라산
| 도엽명 서귀 015 | 높이 1,950m |

    한라산 1,950m는 명실상부한 제주 화산섬 형성의 중심축으로, 신생대 제3기 말에서 제4기 홍적세와 충적세 초에 이르기까지 30여 회에 걸쳐 용암의 일류(溢流)와 화산 폭발이 되풀이되면서 형성되었다.

    한라산은 최정상 1,950m를 기점으로 시계 방향으로 1,932.5고지, 1,857.5고지, 북쪽 안부를 최저부로 1,906.3고지, 1,928.5고지, 1,905.3고지, 1,893.0고지, 그리고 남쪽 안부에 이어 1,918.2고지, 1,944.9고지, 1,946.2고지 등의 외륜산을 가지고 있다. 동서로 590m, 남북으로 360m에 이르는 산정의 타원형 분화구에는 최대 지름 155m, 평균 지름 100m의 화구호 백록담

항공기에서 촬영된 한라산 분화구와 화구호 백록담

2부 한라산과 주요 기생화산 답사 | 43

이 있다. 백록담은 가뭄이 지속될 때에는 고갈되기도 한다.

전체적으로 보아 한라산의 서반부는 경사도가 크고 동반부는 비교적 부드럽다. 따라서 용암의 말기 분출물은 동쪽 사면으로 넘쳐 흘렀고, 화산성 쇄설물도 동쪽 사면으로 치우쳐 퇴적하였다. 지표 지질은 지형 경사를 반영하듯 동반부는 백록담조면현무암이고 서반부는 윗세오름조면현무암질분석구와 만세동산력암, 한라산조면암, 법정동조면현무암 등으로 덮여 있다.

한라산은 형태학적으로는 아스피-톨로이데(aspitholoide)인 복식 화산체이며 대체로 타원형의 1,000m 등고선을 중심으로 순상화산체(楯狀火山體)를 이루고 있다. 여기에서 다시 고도를 더하여 1,500m 등고선에 이르면 종상화산체(鐘狀火山體)로 옮겨지며 이곳을 기점으로 방사상의 곡지들이 두부침식(頭部侵蝕)을 가속화하고 있다.

지질학적으로 한라산의 남북 단면을 살펴보면, 심성암인 화강암을 기저로 그 위에 강정동현무암질조면안산암이 화산체의 기저부에 깔려 있고 그 위로 보리악조면현무암이 남·북사면을 덮고 있다.

다음으로 한라산 고지대와 남쪽 사면은 한라산조면암이 탁월하고, 한라산 북쪽 사면은 한라산조면암 아래층인 대포동조면현무암이 지표에까지 덮여 있다. 한라산조면안산암은 한라산과 백록담을 덮고 있으며 한라산 남쪽 측벽 이하의 지역은 백록담조면현무암이, 그 위로는 법정동조면현무암이 덮고 있다. 또한 그 위의 지표부에는 윗세오름 조면현무암이 덮고 있다.

대체로 한라산 고지대 서반부의 지표 지질은 법정동조면현무암과 법정동조면현무암질분석구로 구성되고, 동반부는 백록담조면현무암으로 구성되어 있는 것으로 보고되어 있다. 한라산 정상부는 윗세오름조면현무암과 동 분석구 및 한라산조면암, 한라산조면암질파쇄력암, 만세동산력암 등으로 종상 화산체인 톨로이데(tholoide)를 이루고 있다.

한편 서귀포층은 삼매봉 남동해안에서 천지교까지 지표에 나타나며 수평면을 유지한 채 강정동현무암질조면안산암 아래에 상당한 두께로 깔려 있다. 일제강점기에 조선총독부 지질기사 하라구치(原口九萬)가 작성한 서귀포층에 대한 보고서를 보면, 그는 요코야마(橫山)가 채집한 조개화석 27종과 자신이 채집한 60여 종을 감정 의뢰하였으며 그 결과 서귀포층은 신생대 제3기 말인 상부선신세(up Pliocene epoch)에서 제4기 홍적세(pleistocene epoch)와 정합(conformity) 관계에 있다는 결론을 얻었다.

추억의 답사

1967년 8월 우기에는 제법 강수량이 많아 백록담이 만수되었고, 외륜산도 비교적 가늠할 수 있었다. 건너편 안부에는 발바닥으로 닦아 놓은 백록담 진입로가 선명하게 보인다.

한라산 등산길에서 만난 구상나무 고사목 지대이다. 구상나무의 수명은 비교적 짧은 것 같다. 이곳에는 화산암괴(volcanic block)와 암재(scoria)들이 여기저기 널려 있다.

한라산 백록담 호반에서 느긋한 마음으로 하룻밤 자기로 결심하고 천막 없는 노숙을 하였다. 마침 소 치는 목동들이 올라왔기에 고사목을 수집하여 우등불을 지피고 유영휘 기술사와 별자리를 관찰하며 밤을 지새웠다.

한라산 최고봉 안내판에는 제법 많은 이들이 다녀간 흔적이 남아 있다. 읽을 수 있는 이름에는 홍순백, 서길홍, 김민호, 강익준 등이 있다.

02 삼매봉 하논 분지와 중앙화구구 보름이

| 도엽명 서귀 055, 056, 065, 066 | 높이 153.6m |

    삼매봉 화산체의 지질을 살펴보면, 하논 분화구 바닥은 한라산조면암질응회암으로 구성되었으며 북서부의 외륜산은 한라산조면암이다. 보름이를 비롯한 중앙화구구는 한라산조면암질분석구이고 삼매봉은 천지연조면안산암질분석구이다.

    원시 한라산 분화구와 그 주변에서 다량으로 분출된 한라산조면암은 주로 남해 쪽으로 유출되어 해발고도 500m 이하의 저지대를 덮었으며 오늘날까지도 지표 지질의 대부분을 차지하고 있다. 이 과정에서 바다와 접촉한 응고되지 않은 한라산조면암 유동체는 수증기 폭발에 따른 베이스 서지(base surge) 현상으로 응회구(tuff cone)와 응회환(tuff ring)을 만들었다. 응회환 내부로 계속하여 밀고 올라온 용암과 화산성 이류(泥流)가 하논 평탄면을 형성하였고, 냉각 과정에서 다시 마그마를 밀고 올라온 수증기가 폭발을 일으키며 응회구를 만든 것이 보름이 중앙화구구군(中央火口丘群)이다.

    하논 분화구는 외륜산 삼매봉(153.6)을 비롯하여 분화구 남서부의 129.8고지, 143.4고지,

추억의 답사

하논 분지 남쪽 삼매봉 아래의 해안선. 해파의 공격으로 무너진 암벽 전체가 제3기에 퇴적한 서귀포층의 노두이며 풍부한 화석이 산출되는 곳이다. 대합조개, 가리비, 산호를 비롯한 수많은 패류 화석과 심지어 상어 이빨까지도 산출된다. 필자와 동행한 분은 경희대 문리과대학장이시던 고 박노식 교수이다.

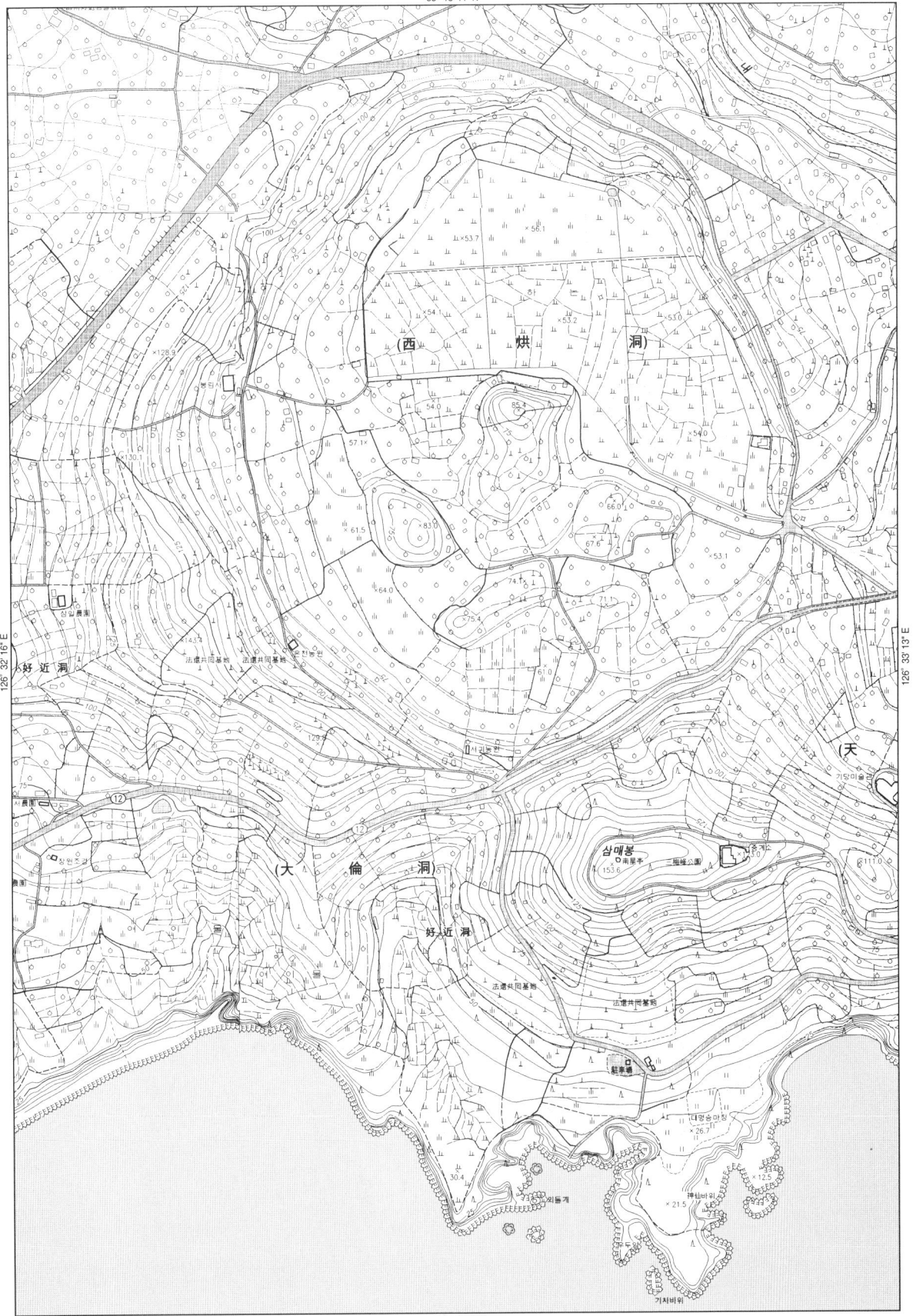

하논 분지 서부의 봉림사 근처에서 촬영한 하논. 중앙화구구 보름이와 숲섬 등이 바라다 보인다.

130.1고지, 128.9고지와 동쪽의 외륜이 하논 분지 출입구인 육거리에서 이어진다. 분지 내에는 85.4고지, 83.0고지, 87.6고지, 75.4고지, 71.1고지 등 거의 같은 수준의 5개 화구구(火口丘)가 있다. 이들 응회환과 응회구를 비롯한 하논 분지는 학술적 가치가 풍부한 곳이다.

한편 하논 화구분지는 북쪽 기슭에서 샘물이 용출되기 때문에 현무암 풍화토를 개간하여 논으로 만드는 것이 가능했으며 그것이 오늘날의 하논(大畓)이다. 분지 내의 자연부락과 더불어 하논이 훼손되지 않도록 보존 대책을 강구하여야 할 것이다.

03 두산봉(말미오름)과 중앙화구구 알오름

| 도엽명 성산 066, 076 | 높이 145.9m |

    말미오름이라 불리는 두산봉(斗山峰, 145.9)은 행정구역상 북제주군 구좌읍 하도리·종달리와 남제주군 성산읍 시흥리에 속한다. 두산봉 동쪽 기슭에서 12번 국도인 해안 일주 순환도로까지는 불과 800m이며 화산체를 중심으로 농로의 발달이 좋아 신속하게 현장에 접근할 수 있다. 두산봉의 외륜인 응회환(tuff ring) 남동부의 절벽단애는 제주도 굴지의 경승지를 이루고 있으나 남제주군과 북제주군으로 갈라져 있어 개발상의 어려움이 많아 방치되고 있는 상태였다. 그러나 근래 제주 올레길 1코스의 하나로 개발되었다.

    두산봉의 형성 과정을 지형학적으로 추리해 보면 다음과 같다. 선신세(Pliocene epoch) 말에서 홍적세(Pleistocene epoch)에 걸쳐 제주도 한라산의 화산 활동은 가장 활발하였다. 그리고 홍적세 말의 뷔름 빙기(Würm ice age)가 극적으로 후퇴하고 충적세로 이행하는 과정에서 해수면

두산봉(말미오름)의 남동부 응회환에서 바라본 분화구 바닥과 중앙화구구인 알오름. 분화구 내는 무덤이나 경지로 개발되어 있어 분화구라는 느낌이 들지 않는다.

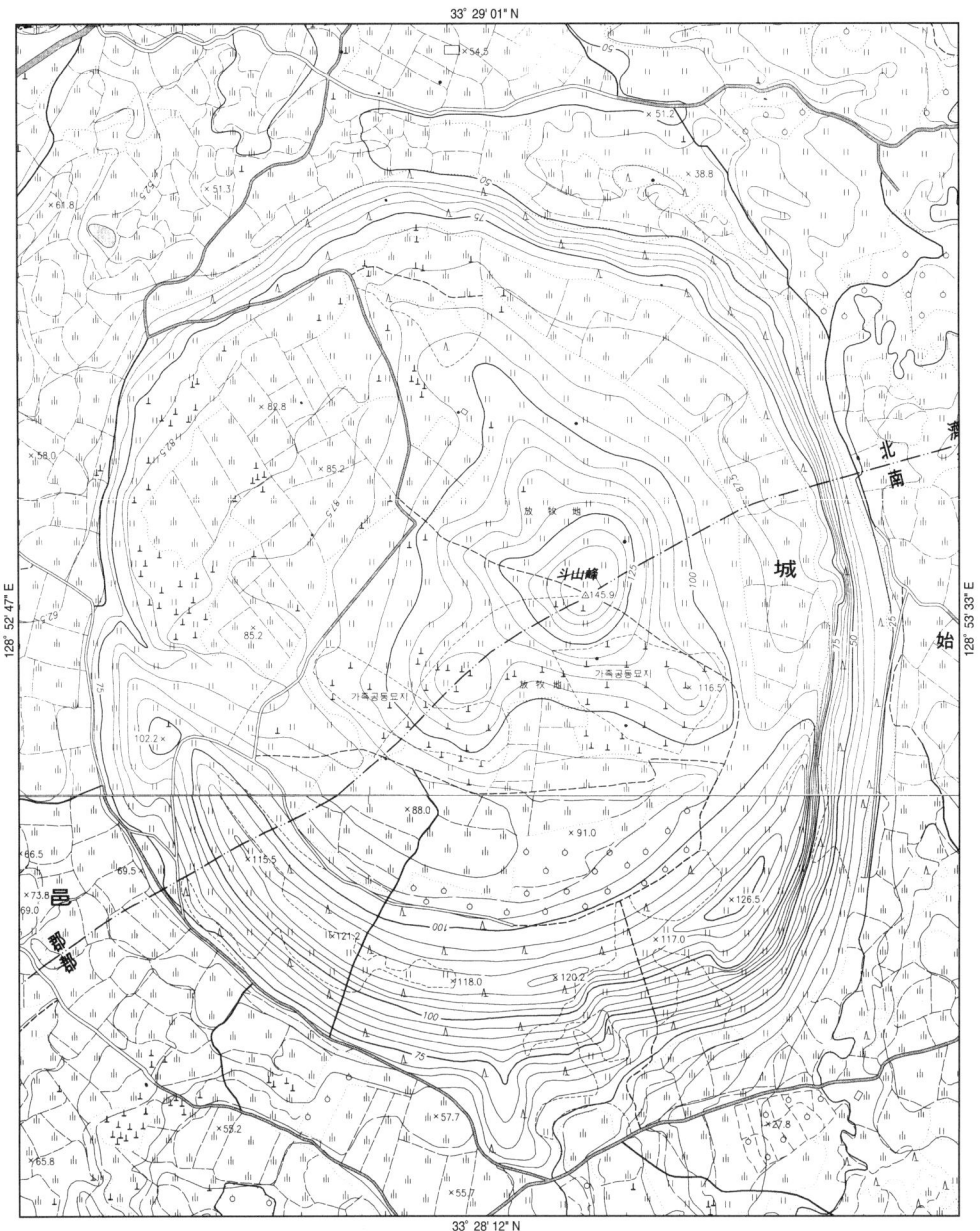

의 상승과 지각평형(isostasy)적인 문제들이 발생하였다. 이 시기에 제주도 연안에서는 활화산 활동이 빈번하였는데, 두산봉 또한 천해역(淺海域)에서 수성 화산 활동(surtseyan movement)으로 생성되었다. 즉, 용출된 마그마가 천해역에서 해수와 만나며 수증기 폭발 현상(phreatomagmatic eruption)을 일으켜 응회환과 응회구(tuff cone : 凝灰丘)를 만든 것이다. 이렇게 하여 두산봉은 33°28′15″~55″N, 126°52′50″~53′30″E에 걸쳐 있으며 동서의 너비 1,090m, 남북의 길이 1,205m, 비고 90m의 특색 있는 화산체가 되었다.

응회환인 외륜산이 둘러싸고 그 중심에 응회구가 우뚝 솟았는데 145.9m의 이 중앙화구구(central cone : 中央火口丘)는 말산메, 알오름 등으로 불린다. 외륜산과 중앙화구구 사이에는 화구원(atrio)이 형성되어 있는데 그 너비가 최소 60m, 최대 400m로 윤상(輪狀)이다. 이곳은 부근 일대에서 가장 비옥한 경지와 과수원 지대를 이루고 있다. 화산체 동부는 지난날 해파의 공격으로 침식 붕락되어 아름다운 절벽단애를 이루며 화산재 기원의 응회암으로 된 성층구조(stratification)를 나타낸다.

두산봉은 외륜에 둘러싸인 화구 내에 중앙화구구가 있는, 제주도에서 단 두 곳밖에 없는 이중 화산체(double volcano)이다. 경지를 제외하면 거의 원상 그대로 보존되어 있는 두산봉을 천연기념물로 지정 보호하여 제주도 화산 지형 연구의 중심지로 개발함이 좋을 것이다.

04 구상화산 성산일출봉

| 도엽명 성산 078 | 높이 172.5m |

　성산일출봉은 북제주군 성산읍 성산리에 위치한 화산으로, 해중에 고립된 동서의 너비 1,000m, 남북의 길이 700m의 단일 화산체이다. 산체에 비해 분화구가 훨씬 크며 분화구의 규모는 동서로 500m 남북으로 550m이다. 서쪽에 179m의 주봉이 있고, 동쪽이 가장 낮아 100m의 해식애를 이룬다.

　화구의 안쪽 가장 낮은 곳은 88.8m이며 동쪽의 100m 등고선을 기준으로 동심원의 등심선은 120m이다. 서쪽으로 갈수록 분화구의 고도는 점차 증가되어 170m에까지 이른다. 화구 분지의 등고선은 동쪽의 100m 등고선에 집속된다. 분화구 주변 능선은 북쪽 해식애에 면한 병풍바위를

세계적인 구상화산체 성산일출봉. 산체에 비해 화구가 큰 일종의 응회구이다. 화구 내에 아직도 여러 개의 분기공(噴氣孔)이 남아 있는 것으로 보아 완신세(holocene epoch)의 화산 활동으로 만들어진 것으로 추리된다.

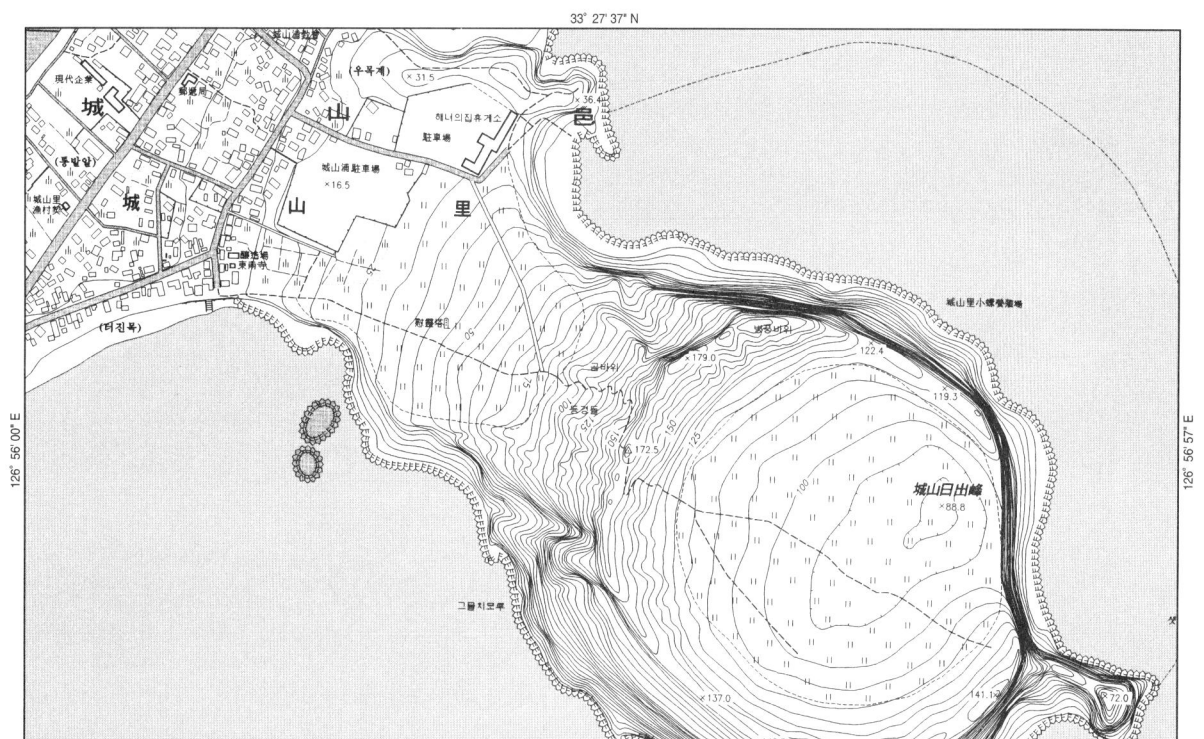

기점으로 시계 방향으로 122.4고지, 119.3고지, 100 등고선 집속점과 그 남쪽의 141.1고지, 142.7고지, 140.5고지, 137.0고지, 172.5고지, 주봉인 179고지에서 다시 병풍바위로 돌아온다.

독일의 화산학자 슈나이더(K. Schneider)는 1911년 산체에 비해 큰 화구를 가지고 있는 소위 절구통 모양의 화산체를 구상화산(homate : 臼狀火山)이라고 명명하였는데 성산일출봉이 이에 해당한다.

성산읍 성산리는 원래 성산포 앞의 남해 바다였다. 일출봉은 화산 활동이 활발했던 뷔름 빙기에서 간빙기로 이행되는 과정에서 현재의 해수면이 확정된 6~7,000년 전에 바다 속에서 수증기 폭발을 동반한 화산 활동으로 생성되었다. 즉 일출봉은 응회구인 동시에 응회환의 섬이다. 다시 말하여 성산일출봉의 화산 활동은 두산봉의 경우와 같이 천해역에서 용암의 수증기 폭발에 의해 만들어진 화산체이다. 오늘날의 성산리는 연안 도서가 되었고, 연안류와 바람의 작용으로 육계사주(tombolo)가 발달하면서 본섬과 연결된 육계도(land tied island)가 되었다.

성산일출봉 화구 바닥의 분기공(噴氣孔)은 지난날 화산 활동 말기에 가스를 배출하던 곳으로 잘 보존되어 있다. 화구 변두리의 성곽 같은 용암의 뾰족한 바위가 마치 성채의 총안 같아서 성산(城山)이라는 이름이 붙었다.

제주도는 우리나라에서 비교적 비가 많이 내리는 곳이며 바람 또한 강한 지역이다. 성산일출봉의 응회암은 쉽게 풍화·침식되어, 서사면 일대에는 등경돌로 불리는 토주와 곰바위로 불리는 위카런(pseudo karren)이 발달하였다. 이와 같은 사실은 우식(雨蝕)과 풍식(風蝕) 작용이 사면 형성에 얼마나 신속하게 관여하는가를 보여 주는 좋은 증거이다. 경사가 완만한 사면 위에는 취락과 집단 관광 시설이 입지하였다.

일출봉에 오르면 절벽으로 둘러싸인 큰 분화구가 눈앞에 전개되는데 화구 주변의 능선 상에는 99개의 뾰족한 날카로운 바위들이 마치 성곽의 총안처럼 나타난다. 이것이 난공불락의 성채처럼 보인다는 데서 성산(城山)의 이름이 앞에 놓였고, 이곳에서 보는 동해의 일출이 장관이어서 그 뒤에 일출봉이 붙었다.

화구분지 바닥에는 5~6개의 분기공 와지(窪地)가 가스 분출 당시의 모습 그대로 남아 있는데 이것 또한 흥미로운 연구 대상이 아닌가 싶다.

05 폭렬화구 산굼부리

| 도엽명 제주 088 | 높이 437.4m |

    산굼부리는 폭렬화구(爆裂火口, Maar)이며 북제주군 조천읍 교래리에 자리하고 있다. 수리적 위치는 33°25′31″~54″N 126°41′29″~42′01″E로 동서 850m, 남북 730m의 규모이다. 화구의 너비는 동서 580m, 남북 620m로 완전 원형에 가까우며 비심은 최대 132m, 최소 101m이다. 화구 바닥 평탄면의 너비는 동서로 290m, 남북으로 350m이다.

    외륜산은 437.4고지를 최고봉으로 시계 방향으로 435.4고지, 431.7고지, 429.6고지, 430.0고지를 지나 406.7안부를 최저지점으로 422.5고지로 연결되며 굼부리 바닥의 표고는 305.4m이다.

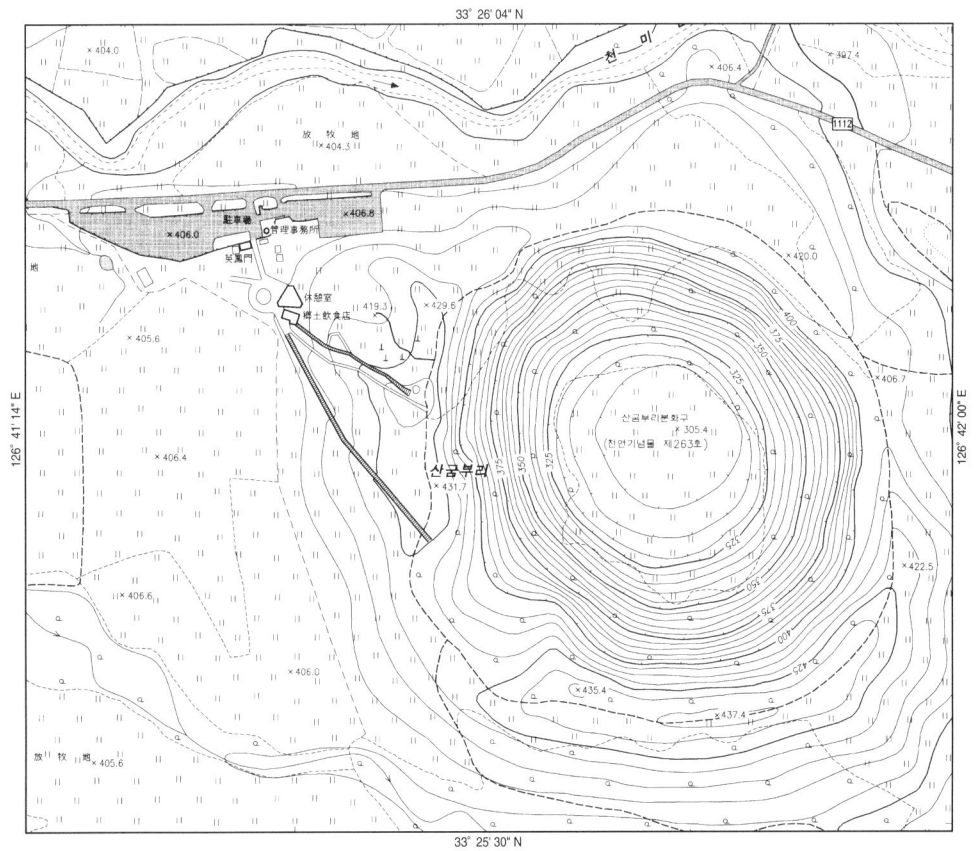

지표의 지질은 산굼부리현무암이며 주변은 교래리현무암으로 덮여 있다.

폭렬화구는 세계적으로 라인점판암 산지 중 아이휄(Eifel) 지방에 많으며 통상 마르(maar)라고 부른다. 일본 동북 지방 아키타(秋田) 현의 서해에 면한 오가(男鹿) 반도에도 모식적 폭렬화구 3기가 발달하였는데 그 모양이 매우 우아하다. 산굼부리는 규모와 모양새를 비롯한 여러 조건들이 지나칠 정도로 완벽하여 폭렬화구의 세계적 표준이 되고 있다. 정부에서는 천연기념물 263호로 지정 보호하고 있다.

그러나 삼굼부리의 성인(成因)과 관련하여 의문점이 하나 발견된다. 폭렬화구의 학술적 기준을 살펴보면, 반드시 화산 폭발에 의한 분화로 생기며 생성된 화구는 원 또는 원형에 가깝고 분화구 주변에 화산 분출물이 쌓여 환상의 언덕이 뚜렷하지 않을 것을 전제로 한다. 따라서 폭렬화구라는 이름처럼 폭발에 의해 형성되었다면 화산 분출물들이 화산체 주변에 남아 있어야 하는데

추억의 답사

산굼부리의 외륜을 서쪽에서 동진하여 출발점으로 되돌아왔다. 고등학교 교과서에도 기록되어 있는 산굼부리는 폭렬화구(마르)로 세계적인 모식지이다.

산굼부리 관리사무소 옆에 놓인 수근관(용암수형석). 수근관이란 용암 유출 과정에서 용암이 나무의 밑둥을 에워싼 대로 굳어 버린, 나무 밑둥의 흔적화석이나 다름없는 관상 용암에 대해서 부쳐진 이름으로 학술적 가치가 매우 크다.

산굼부리 주변은 폭발에 의한 쇄설물 하나 없이 지나칠 정도로 깨끗하다.

  필자의 견해로는 마그마가 올라와 Dome형의 부푸름을 만들고 여기저기에서 동시다발적으로 화산 폭발이 있었다고 가정할 때, 지하에서 진로를 달리 하는 마그마의 이동이 지하에 공동을 생성함으로써 발생한 함몰이 산굼부리의 성인으로 보인다.

  현재 산굼부리 입구에는 산굼부리 개발 과정에서 수집된 화산탄(volcanic bomb)을 비롯한 여러 볼거리들이 전시되어 있는데 그중에서도 수근관(樹根管, lava tree mould)은 매우 뜻있는 볼거리이다.

06 산굼부리 건너편의 방애오름

| 도엽명 제주 088 | 높이 453.4m |

　산굼부리 관리사무소 건너편 650m에 'ㄷ'자형 오름이 있는데 오름은 1:5,000 지형도에서는 무명이고 1:25,000 지형도에는 방애오름으로 기재되어 있다. 구조적으로 매우 특이한 이 오름의 수리적 위치는 33°26′12″~35″N, 126°41′02″~37″E이다.

　오름은 453.4고지가 최고봉이며 시계 방향으로 448.4고지, 436.8고지에서 동쪽으로 낮은 언덕을 끼고 434.3고지에 이른다. 여기서 다시 449.4고지에 이르러 서진 하면 440.8고지, 437.8고지, 436.4고지, 441.4고지이고 북쪽의 433.6안부에서 최고봉인 원점으로 돌아간다. 비록 동쪽은 터졌지만 뚜렷한 하나의 외륜 산계와 분화구로 구분되고 있다. 외륜산 안쪽은 425m등고선을 기준으로 큰 분화구를 이루고 있는데 분화구 최심부의 표고는 422.3m이나 화구 중심부에 427.0m의 중앙화구구가 있다.

　1:5,000 지형도 제주 088 도엽 내에는 500m 내외의 거리를 두고 산굼부리, 방애오름, 민오름, 대천이오름, 족은방애오름 등 5기의 오름이 산재되어 있다. 이들 오름은 형성 시기가 거의 같으며 산굼부리의 성인과도 깊은 연관성을 가지고 있을 것으로 생각된다.

　지표 지질을 살펴보면 산굼부리는 산굼부리현무암으로 특징지어지고, 다른 4개의 오름은 교래리현무암질 분석구이다. 이들 5개의 기생화산체는 교래리현무암으로 둘러싸여 있다. 따라서 산굼부리현무암은 교래리현무암과 동질의 것이며 산굼부리의 특색을 부각시키기 위한 방법으로 채용된 것으로 생각된다.

　방애오름의 성인은 지하수와 깊은 관련이 있는 특수한 구조운동(tectonic movement)의 결과라고 추리된다.

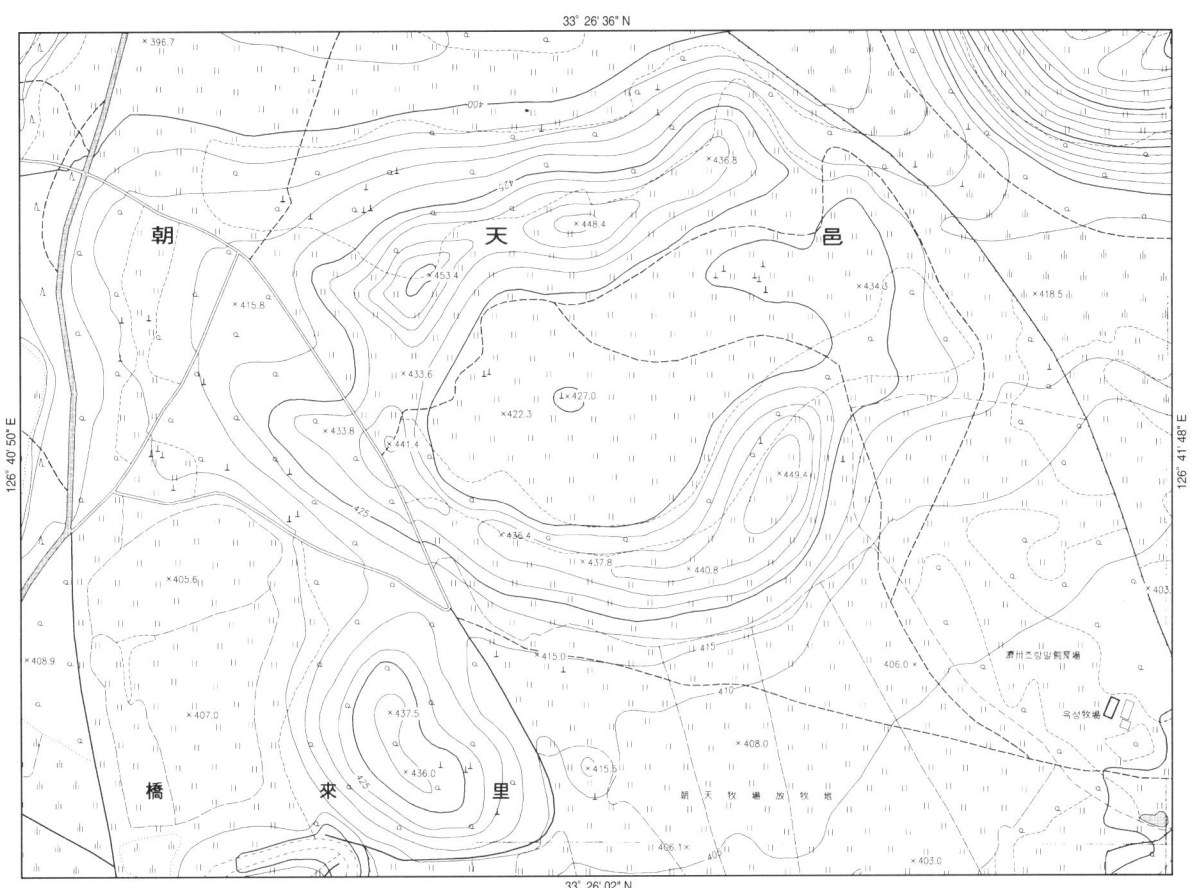

07 제주도 유일의 종상화산 산방산

| 도엽명 모슬포 066, 067 | 높이 395.2m |

    산방산은 남제주군 안덕면 사계리와 화순리의 경계 지대에 입지한 하나의 돌산이다. 바닷가에 큼직한 종 1개를 엎어놓은 것 같은 산세가 아름답고 우아하다.

    전망 좋고 바다가 바라보이는 양지바른 남쪽 기슭에는 일찍이 산방굴사(山房窟寺), 보봉사(普鳳寺), 광명사(光明寺), 산방사(山房寺), 보문사(普門寺) 등 사찰들이 앞다투어 입지하였고, 아래쪽으로는 하멜기념비가 있다. 북쪽 사면에도 보덕사(보현사)와 영산암(靈山庵)이 있다.

    산방산에 자리 잡은 사찰들 중에서 가장 역사가 오래된 사찰은 산방굴사이며 고려 말엽에 혜일법사(慧日法師)가 중국에 가서 계를 받고 불경과 참선 공부를 하고 귀국한 후 제주도로 건너와 산방산 석굴에 불상을 봉안한 것이 산방굴사의 시초라고 『탐라지』에 기록되었다고 전해진다.

종상화산의 전형 산방산. 형태학적으로 완벽한 종상화산체이다. 점성이 강한 용암을 밀어올려 화산체 전체가 바위로 이루어졌으며 쇄설물이 전혀 없는 것이 특징이다.

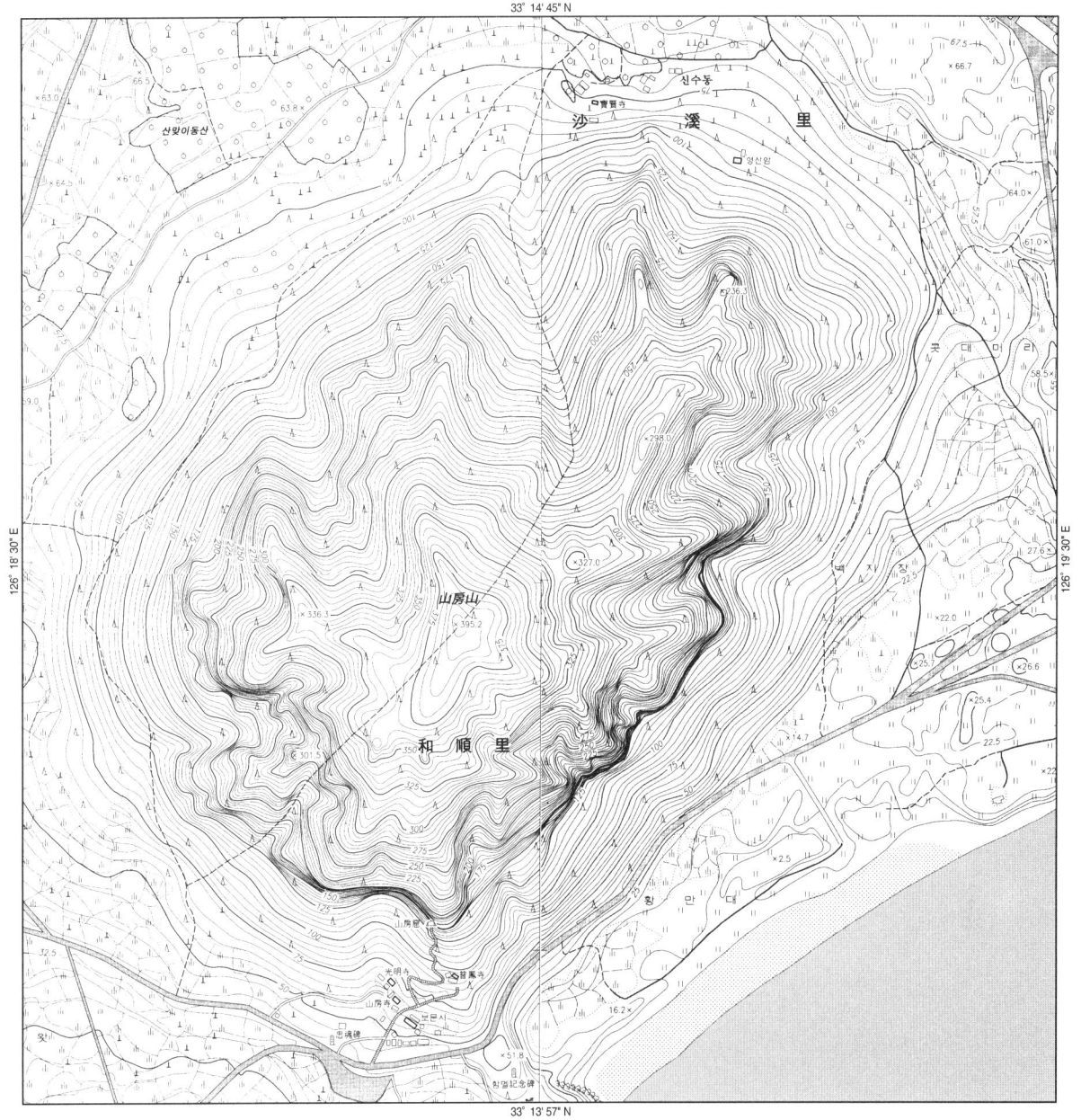

하멜기념비가 세워진 곳에서 황우치를 지나 용머리에 이르는 해안선은 응회암(凝灰岩, tuff)이 파도의 침식을 받아 아름다운 층서를 드러낸 절경지이다. 뿐만 아니라 산방산록을 반시계 방향으로 한 바퀴 돌게 되면 황만대, 사근다리동산, 백지장, 콧대머리를 거쳐 영산암, 보현사에 이르러 잠시 휴식을 취하게 된다. 여기서 다시 산방산을 끼고 출발점인 하멜기념비로 돌아가는 길에

용머리 해안은 응회암(tuff)의 수평층으로 침식에 저항력이 작은 암석층이어서 해파의 차별침식으로 해식애가 형성되고 암석의 약선에 따른 굴식 작용으로 깊은 곡지와 시스택(sea stack)이 만들어졌다.

일쿠니동산, 산마지동산 등 산세가 수려한 산방산 남서쪽 사면을 감상할 수 있으며 다섯무덤들 절터왓으로 출발점에 되돌아온다.

   산방산은 경관도 수려하지만 화산학적으로도 비중이 큰 화산체이다. 종상화산(tholoide)이란 말은 독일의 저명한 화산학자 K. 슈나이더가 1911년 화산을 형태학적으로 분류한 이래 오늘날까지 즐겨 사용하는 용어이다. 종상화산체의 분류 기준은 점성이 강한 산성 용암이 분출하여 먼 곳까지 흐르지 못하고 산체에 높이 쌓아올려진 화산체이며, 용암 외의 화산성 쇄설물이 퇴적되지 않은 화산체를 지칭하고 있다. 우리나라에서는 울릉도가 대표적이며 한라산의 경우 1,500m 등고선 이상의 가파른 부분이 종상화산체이다.

   산방산의 수리적 위치는 33°13′59″~14′44″N, 126°18′31″~19′27″E이고 동서의 너비 1500m, 남북의 길이 1350m, 비고 345.2m로 당당하고 기품이 있다. 화산체의 남쪽 절반은 매우 가파라서 접근이 어렵고 북서사면은 비교적 부드러워 접근이 가능한데, 북쪽 입구부에 보현사가 자리를 잡고 있다. 화산체 대부분이 암골의 노두로 되어 있고 특히 북서사면의 기암괴석들은 낙락 장송들과 조화를 이루어 보는 이로 하여금 인간의 선경을 체험케 한다.

유동성이 적은 한라산 조면암이 거의 탑상으로 밀어올려 종상화산체를 만들었기 때문에 사면이 절벽에 가깝다. 특히 남사면은 경관이 수려하여 산방굴사를 비롯하여 사찰들이 많이 들어서 있다.

산방산의 지표 지질을 살펴보면 200m 등고선 이하의 기저부는 한라산조면암질응회암으로 구성되어 있으며 기타 부분은 정상까지 점성이 약한 한라산조면암으로 덮여 있다. 한편 황우치와 사근다리동산 사이에 발달한 사구층은 패류의 갑각이 파랑의 작용으로 분쇄된 패각사(shelley sand) 기원의 사빈과 배후의 사구 지대를 형성하고 있다. 황만대 백사장과 콧대머리 영산암을 이어 주는 산방산 동부 지역은 병악현무암질조면안산암으로 덮여 있고 기타의 산방산록 이서 지역의 지표는 광해악현무암이다.

08 제주도 최남단에 자리잡은 송악산

| 도엽명 모슬포 075, 076, 085, 086 | 높이 104.0m |

송악산의 행정적 위치는 남제주군 대정읍 상모리(上摹里)에 속한다. 이곳의 산이물에서 가파도, 마라도로 떠나는 관광여객선이 있어 송악산 탐승은 쉽게 이루어질 수 있다.

송악산은 동서의 너비 770m, 남북의 길이 930m, 비고 40m의 작은 화산체이다. 수리적 위치는 33°11′30″~12′01″N, 126°17′20″~49″E이다. 북쪽을 제외한 3면은 남해에 면하고 있으나 해안선이 용암의 보호를 받고 있어 원래의 지형을 복원 관찰할 수 있다.

화산체는 천해역(淺海域)의 수증기 폭발로 인한 기부소용돌이(base surge) 현상으로 생성된 응회환(tuff ring)으로 학술적 가치가 매우 크다. 비록 북동부의 52.3고지와 남동부의 전망대 44.3

송악산 깔대기형 분화구 바닥의 모습. 힘겹게 내려가야 도달할 수 있는 화구 바닥 가장 낮은 곳에 사람들이 원뿔 모양의 석탑을 쌓아 놓았다.

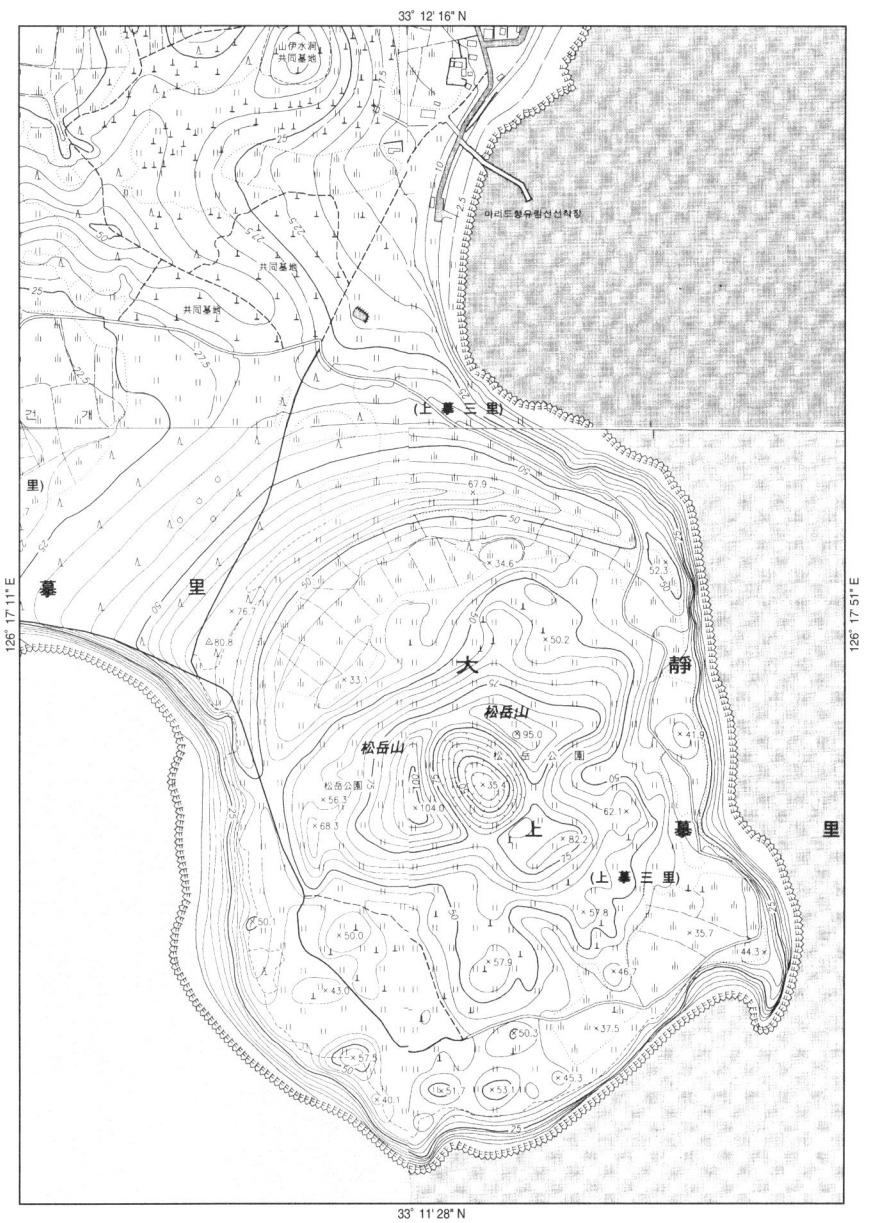

고지에서 45.3고지 사이의 일부 지역이 해파에 의해 침식되었지만, 자세히 관찰해 보면 응회환의 고리가 아주 뚜렷하게 보존되고 있다. 즉, 화산체 북서부의 80.8고지에서 시계 방향으로 76.7고지, 67.9고지, 52.3고지, 41.9고지, 44.3고지, 45.3고지, 53.1고지, 51.7고지, 40.1고지, 57.5고지, 50.0고지 등 완벽한 고리로 이어지고 있다. 응회환이나 응회구(tuff cone)는 외측 경사가 크기 마련인데 동·서·남 3면은 해파의 침식을 받았다고는 하지만 응회환의 형태에 영향을 줄 만

큼 큰 훼손이 없었기 때문이다.

　한편 송악산 분화구(35.4)는 원래 바깥쪽 세 봉우리인 104.0고지 95.0고지 82.2고지 등과 더불어 원래 하나의 용암 원정구(lava dome)였다. 그러나 이 원정구는 응회환 내부의 후화산 작용으로 오늘날과 같은 모습이 되었다고 하겠다. 즉 이 원정구는 응회환 내의 중앙화구구였고, 이 중앙화구구의 중심에서 2차적인 큰 화산 폭발이 일어나 오늘날처럼 송악산 화구와 여러 개의 봉우리로 분리되었다고 추리할 수 있다. 왜냐하면 후화산 작용으로 변형은 되었지만 화구원(atrio)이 그대로 남아 있을 뿐만 아니라 응회환이 형태학적으로 큰 손상이 없기 때문이다.

　송악산 분화구 안쪽과 바깥쪽에 널려 있는 화산 포출물과 지형 진화의 모습은 뷔름(Würm) 빙기가 극적으로 후퇴하고 지각평형(isostasy)을 위한 보정적 승강운동이 이루어진 시대의 생성물로 믿어진다.

　송악산 일대의 지표 지질을 보면, 송악산 분화구와 주변의 세 봉우리는 송악산조면현무암질분석구이고 화구원에 해당되는 부분은 송악산조면현무암으로 구성되었으며 기타 주변 지역은 송악산응회암으로 덮여 있다.

09 서기 1002년 바다에서 솟아 나온 비양도

| 도엽명 모슬포 002 | 높이 114.1m |

비양도의 행정적 위치는 북제주군 한림읍 협재리 비양도이지만 '섬 중 섬'의 특수한 사정으로 한림읍의 독립된 하나의 행정단위로 취급될 수밖에 없다. 수리적 위치는 33°24′05″~32″N, 126°13′28″~14′02″E이다. 협재 포구에서 북서쪽 1.5km에 비양도 선착장이 있으므로 매우 가까운 거리에 있다.

비양봉은 표고 114.1m이며 시계 방향으로 100.2고지, 85.5고지, 65.0고지 등 4개의 봉우리로 구성되어 있는데, 이 가운데 중심 화구와 북쪽 화구가 75m 등고선을 경계로 붙어 있는 모양새이다. 비양도의 크기는 동서로 820m, 남북으로 820m이고 가장 긴 쪽이 970m이다. 섬 일주 거리는 1,450m여서, 비양도 선착장에서 도보로 출발하여 비양도 선착장으로 되돌아오는 데 1시간이면 충분하다.

포구에서 서쪽으로 370m 지점에서 비탈진 등산로를 따라 45m의 고도를 오르면 표고 70m의 안부에서 비심 37m의 중심 분화구를 관찰할 수 있다. 여기서 능선을 따라 35m의 고도를 오르면 비양 제2봉 100.2고지에 이르며, 여기서 다시 북서쪽으로 150m 거리의 비양봉 114.1고지에 이르러 제1분화구와 제2분화구를 느긋하게 관찰하고 나서 비양포구 반대 방향의 바닷가에 이르게 된다. 여기서 오른쪽으로 방향을 틀면 해적호(Lagoon)를 끼고 돌면서 화산탄(volcanic bomb), 호니토(hornito), 기타 화산 분출물(volcanic ejecta)을 관찰하면서 화산에 관한 기초적 지식을 공부하고 정리할 수 있어 매우 유익한 답사가 된다.

비양도가 역사적으로 유명한 것은 서기 1002년 고려 목종 5년 6월 바로 이곳 바다 밑에서 솟아 나왔다는 사실 때문만이 아니다. 현재 눈앞에서 화산 활동을 보는 것 같은 착각을 일으킬 정도로 잘 정리된 대학박사 전공지(田拱之)의 보고서가 있기 때문이다. 필자가 저술한 2차원의 위종유동에 관한 연구논문 "제주도 협재동굴군의 황금동굴을 중심으로"(서울대학교 지리학과 논문집 『지리학논총』 제10호 p.291~304)에 들어 있는 비양도 화산 폭발에 관한 해설을 빌리기로 한다.

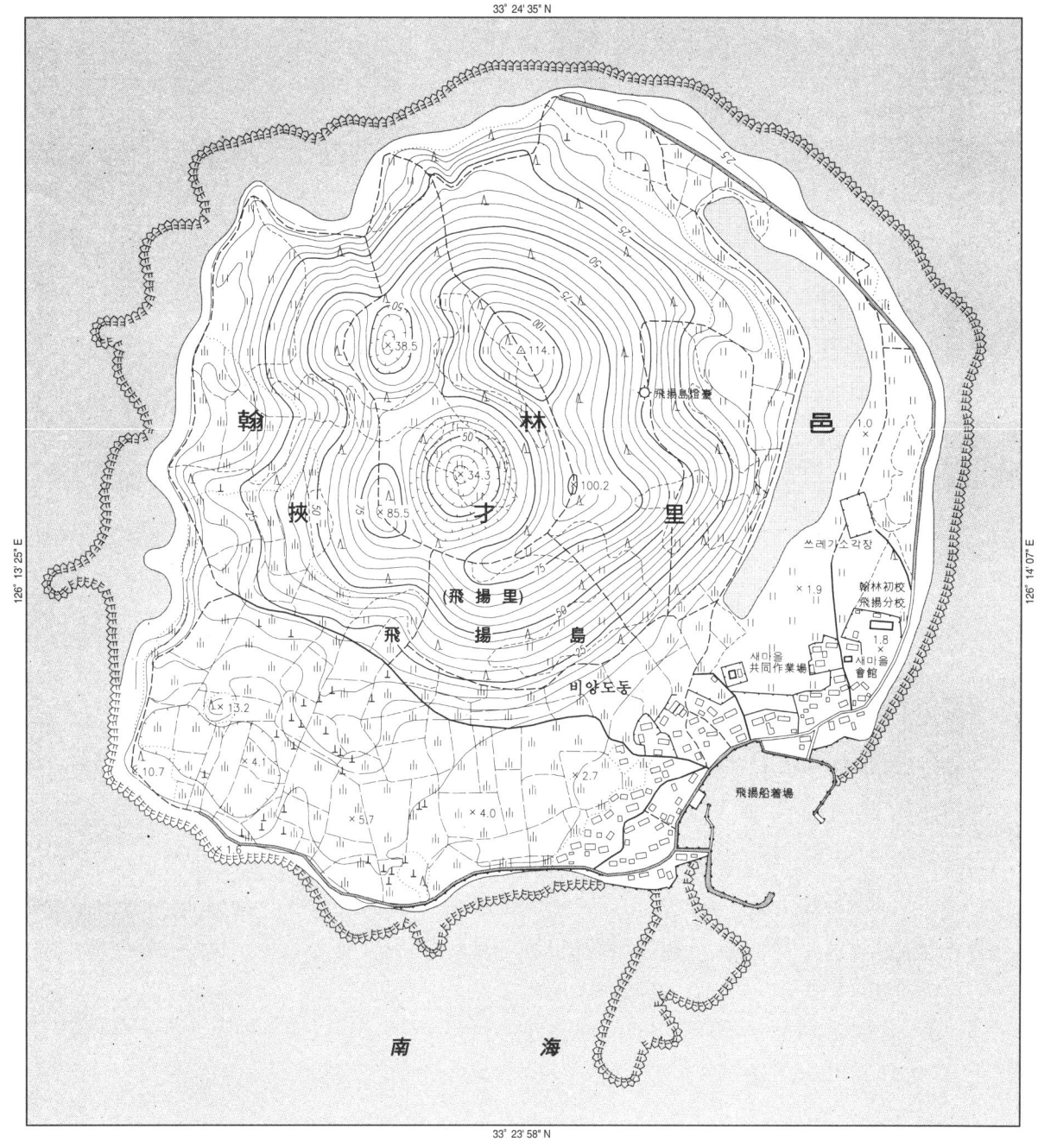

하늘에서 본 비양도. 비양도 선착장을 기준으로 동쪽의 석호와 일주도로를 지형도와 비교하며 관찰하기 바란다.

"고려 목종 5년 6월(1002년) 바다 가운데서 산이 솟아 나왔다. 산 네 곳이 갈라지고 붉은 물이 솟구쳐 올라와 닷새 만에 멈추었는데 그 물은 모두 기와와 같은 돌이 되었다. 목종 10년 서산이 바다 속에서 솟아 나왔다. 대학박사 전공지를 보내어 돌아보게 하였다. 사람들의 말에 의하면 산이 처음 나타날 때 구름과 안개가 자욱하고 땅이 흔들리며 천둥과 함께 7주야에 마감되었다. 산 높이는 백여 길이요 주위 40여 리에 초목은 없고 연기가 자욱하여 바라본즉, 석유황(石硫黃) 같아 사람들은 두려워 감히 접근할 수 없었다. 전공지가 몸소 산 아래에서 그림을 그려 진상하니 오늘날의 대정현이었다."(13쪽 원문 참조)

끝으로 비양도의 지표 지질을 살펴보면, 비양도의 모든 현무암은 광해악현무암이고 등고선 15m 이상의 고지대는 광해악현무암질분석구로 이해함이 좋을 것 같다.

10 분석구가 2개나 있는 차귀도

| 도엽명 고산 040 | 높이 61.4m |

    차귀도(遮歸島)는 행정적으로 북제주군 한경면 고산리 차귀도이며 수리적으로는 33°18′23″ ~18′37″N, 126°08′45″~09′20″E에 위치한다. 동서 길이 910m, 남북 길이 390m의 작은 섬이다.
    지형을 살펴보면 섬 동쪽의 61.4고지를 주봉으로 450m 서쪽에는 51.0고지가 있고, 남쪽으로는 46.0고지가 있는데 이들 봉우리를 연결하면 거의 정삼각형이 된다. 이들 세 봉우리 사이에는 밭과 초지가 있고 삼각형의 거의 중심점에 등대 지킴이의 주거와 부속 건물 세 동이 있다. 고산등대는 51고지와 46고지 중간 지점의 23고지에 자리잡고 있다. 모든 해안은 용암의 보호를 받고 있고, 남부 해안에는 12개의 돌섬들이 모여 있어 차귀군도의 모양새를 갖추고 있다. 가장 멀리 떨어져 있는 돌섬도 차귀도와의 거리가 200m에 불과하다.
    차귀도에는 등대 지킴이 외의 주민은 없으나 고려시대 때의 후쫑딴(胡宗端)과 관련된 전설이 있어 소개한다.

    고려 제16대 예종 때의 일이었다. 중국에서는 제주도에 유능한 인재가 나올 것이라는 예측이 항간에 떠돌았다. 이를 시기한 중국 조정에서는 탐승술에 능통한 후쫑딴을 불러 제주도에 밀파하였다. 제주도에 유능한 인재가 나오는 것은 중국에 이롭지 못한 일인즉, 그의 임무는 제주도에 가서 제주도의 13 혈맥을 찾아 모두 막아 버리는 것이었다.
    제주도에 도착한 그는 표선면 옥기에서 처음으로 혈맥을 잡았다. 그러나 돌연히 철침이 흔들리기 시작하므로 그 일을 중단하고, 다시 서귀읍 서홍리에서 혈맥을 잡으려 했다. 그러나 그가 서홍리에 도착하기 전, 밭을 갈고 있는 한 농부에게 백발 노인이 나타나 "누가 와서 물 있는 곳을 물을 터이니 모른다고 하시오." 하고 사라졌다. 얼마 후에 후쫑딴이 와서 근처에 고부랑나무 아랫물이 있느냐고 물었다. 농부는 모른다고 잘라 말했다. 후쫑딴은 그 근처를 헤매었으나 결코 물을 찾을 수 없었다. 실망한 그는 자기의 술서를 즉석에서 찢어 버리고 그곳을 떠났다. 그리하여 서홍리의 샘물이 아직도 흘러나오고 있다는 것이다.
    한편 후쫑딴이 중국으로 돌아가기 위해 한경면 용수 앞바다의 차귀도 부근에 이르렀을 때였

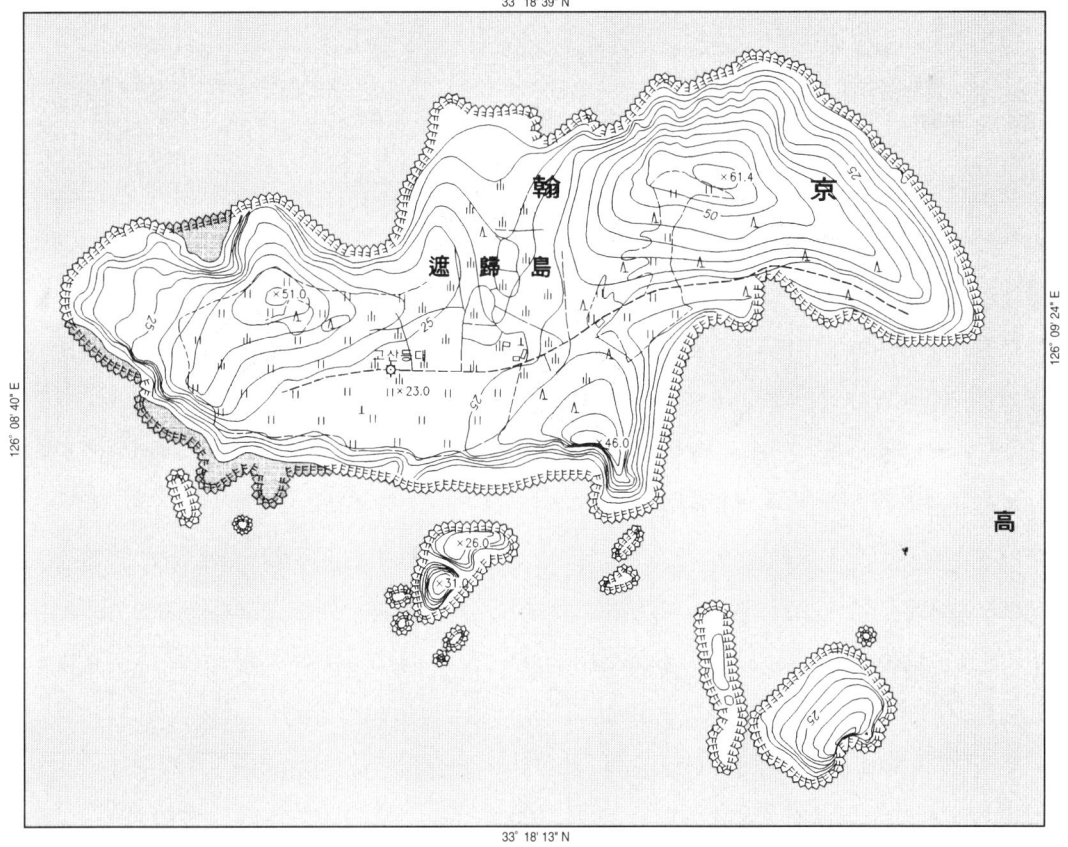

다. 한 마리의 날쌘 매가 날아와 후쫑단의 목을 집어 바다 속에 던졌다. 사람들은 한라산 산신령이 매로 변하여 후쫑단의 횡포를 복수하고 그가 중국으로 돌아가는 것을 막았다고 하여 이 섬을 차귀도(遮歸島)라 불렀다고 한다.

차귀도의 화산 지형은 북고남저하며 남쪽에 해안대지가 발달하였다. 2개의 분석구가 있으며 지표 지질은 송악산응회암으로 구성되어 있다.

11 거문오름과 거문오름 구조대
| 도엽명 제주 079, 080, 089, 090 | 높이 456.6m |

거문오름(456.6)과 거문오름 북동쪽으로 2.5km에 걸쳐 발달한 거문오름 구조대는 북제주군 조천읍 선흘리와 구좌읍 송당리 경계 지대에 발달한 오름과 구조곡이다. 오름은 33°26′42″~27′20″N, 126°42′58″~43′46″E에 위치하고, 구조곡은 거멀창이라고 하는 328.3와지에서 시작하여 조천읍과 구좌읍 경계를 따라 308.8와지에 이른다.

거문오름은 동서로 1,240m, 남북으로 1,170m의 대분화구를 가진 비교적 규모가 큰 독립된 기생화산체이며 외륜산도 15좌나 가지고 있어 특색이 있다. 외륜산은 380.8고지를 기점으로 시계방향으로 381.7고지, 400.5고지, 400.0고지, 385.7고지, 416.2고지, 431.3고지, 416.8고지, 425.4고지, 431.1고지, 438.5고지, 456.6고지, 447.3고지, 446.0고지, 431.8고지 등이다.

중심 화구 내의 세부 지형을 살펴보면, 중앙화구구로서 364.9고지, 366.3고지, 356.0고지, 353.5고지, 362.0고지 등 5개의 언덕이 있다. 화구 내의 와지로는 331.7와지, 340.7와지, 339.4와지, 341.8와지 등이 있는데 화구구와 조화를 이루듯 안배되어 있다.

한편 중심 화구 북방으로 연장 2.5km의 가칭 거문오름 구조대가 있다. 이 구조대는 암설사태층이 병렬로 전개되고 있는데 동쪽은 구릉열, 서쪽은 와지열로 음양의 조화를 이룬 듯하다. 소위 꺼멀창 328.3와지, 376.0고지, 334.7와지, 329.2와지, 326.8와지, 329.8와지, 329.3와지, 320.5와지와 이들 오른쪽에 376.0고지, 372.2고지, 358.3고지, 358.0고지, 363.3고지가 조화를 이룬다. 계속하여 316.2와지, 362.7고지, 294.5와지, 332.6고지, 294.8와지, 321.0고지, 299.8와지, 324.8고지, 298.9와지, 320.9고지, 309.1와지, 323.3고지 등 와지와 고지가 번갈아 가며 배치되어 있어 신비로움을 연출한다.

한국자원연구소는 1998년 발행한 1:50,000 지질도에서 이들 저구릉성 지형에 대하여 거문오름암설사태층(Keomunoreum Avalanche Deposits)이라 명명하였다. 이들 사태층은 조족상 퇴적물(lobate deposits)이나 류산구조(流山構造, hummocky hill structure)로서 일본에서 주장하는 소위 산쓰나미(山津波)와 같다.

일반적으로 암설사태는 화산 폭발과 연관이 깊은 토석류로, 진흙과 화산성 쇄설물이 뒤범벅되

거문오름
舊左邑
松堂里
(松堂里)
舊左邑
松堂里

거문오름과 거문오름 구조대로 진입하는 입구의 원석 간판

어 고속으로 이동하는 과정에서 류산구조를 생성한다. 그러나 거문오름암설사태층에는 2.5km에 달하는 열하대(裂罅帶), 즉 선상함몰대(線狀陷沒帶)와 이들과 병행된 융기대(隆起帶)가 있기 때문에 일반적 암설사태보다는 화산 활동과 관련된 국지적 구조운동과 연관시켜 생각하는 것이 좋을 것 같다. 이러한 입장에서 볼 때 거문오름암설사태층은 거문오름의 화산 활동, 즉 당시의 활화산 작용에 따른 활발한 지진 활동과 여기에 수반된 보정적 승강운동의 결과라고 볼 수 있다.

지난여름 일본 도호쿠(東北) 지방 모가미가와(最上川) 일대의 산사태와 화산 활동이 유발한 암설사태층의 견학에서도 여러 가지 의문이 제기되었었다.

12 아름다운 화구호 물장올(물장오리)

| 도엽명 제주 095, 서귀 008 | 높이 937.2m |

물장올(물장오리, 937.2)은 제주시 봉개동 한라산국립공원 내의 남제주군 남원읍과의 경계 지대 부근에 있다.

천미천 계곡을 따라 남서 방향으로 1,600m 거리에서 260m 높이를 오르면 물장올이 눈앞에 전개되는데 화구호가 거의 원형을 나타내고 있다. 화구호의 직경은 동서로 100m, 남북으로 100m, NE~SW 주향으로 최대직경 160m인데, 강수량이 많은 우기에는 동서로 150m, 남북으로 140m, 최대직경 160m의 화구호로 변화된다.

물장올의 수리적 위치는 33°23′58″~24′26″N, 126°36′11″~36′57″E 범위이지만 산체가 커서

아름다운 산정 화구호를 가진 물장올. 북서쪽 상공에서 바라본 모습이다. 배후지의 울창한 밀림 위로 무수한 오름들이 경염하듯 머리를 내밀고 있다. (출처 : 제주특별자치도 환경자원연구원)

그 기준을 설정하기가 매우 어렵다. 다만 화산 폭발은 물장올의 중심인 33° 24′ 17″N, 126° 36′ 32″E 지점을 중심으로 일어났을 것으로 추리된다.

지표 지질을 살펴보면 물장올은 와산리현무암질분석구이며 오름 주변에는 와산리현무암이 지표를 덮고 있다.

여담이지만, 필자가 1968년 8월 경희대학교 문리과대학 지리학과 학생 20여 명을 인솔하여 물장올에 오른 바 있는데 당시 2학년 학생 중에 천주교 신 모 수녀 분이 있었다. 거추장스러워 보이는 검은 도복이 발목까지 덮고 머리에는 검은 두건에 흰 테를 두른 근엄한 수녀에게 '그 긴 옷'으로는 가시덤불을 헤치며 답사하는 것이 불가능하다고 하였다. 경우에 따라서는 답사 계획에 큰 차질을 줄 수 있으니 물장올 답사를 포기하든가 아니면 답사할 수 있는 옷으로 갈아입기를 권하였다. 그러나 수녀는 단호하였다. 지리학도로서 답사를 포기할 수도 없으며 도복 또한 갈아입을 수 없다고……. 그리고 답사에는 절대로 지장이 없도록 최선의 노력을 다할 것이라고 약속하였다. 수녀의 뜻이 하도 완고하여 할 수 없이 동행을 허락하였다. 그리고 등산 도중 억센 소나기와

수초가 가득한 물장올 화구호. 그 중요성이 인정되어 람사르 습지로 등록되었다.

 가시덤불을 만났지만 이를 헤치며 물장올 답사는 잘 마무리되었다.
 당시 물장올에 올라 호면을 바라보니 상당한 수령을 가진 수목의 잔해들이 호면과 호안에 산재되어 있었다. 호안을 한 바퀴 돌며 화산탄(volcanic bomb)을 수집하여 지리학과에 전시할 수 있는 기회를 가지게 되었다. 아주 훌륭한 크고 작은 화산탄이 호안에 산재되어 있었는데 이것은 강렬한 화산 폭발로 마그마가 하늘 높이 치솟았다가 떨어지는 과정에서 방추형을 만들기 때문에 생성된 것들이다.

13 시황제의 사자가 찾아왔던 영주산

| 도엽명 성산 092, 093, 표선 006 | 높이 326.4m |

영주산(瀛洲山, 326.4)은 남제주군 표선면 성읍리에 자리잡은 기생화산체로 1:5,000 지형도의 성산 092, 093, 표선 006 등 3매의 도엽을 접속하여 관찰할 수 있다. 수리적 위치는 33°23′45″~24′20″N, 126°47′36″~48′33″E로 동서 1,650m, 남북 1,300m의 길이이며 비고는 151~181m 이다. 326.4고지와 322.0고지가 쌍두봉을 이룬다.

이 산이 바로 진나라 시황제가 찾던 동방의 삼신산 중의 하나인 영주산이라고 한다. 시황제는 중국을 통일한 후 장생불사와 통치만대의 신선 사상에 빠져 동방의 삼신산을 동경하였다. 그래서 불로장생의 선약을 구하기 위해 각지로 사람을 파견하였다. 그중 한 사람이 쉬푸(徐福 또는 徐巿)이다. 쉬푸는 오늘날의 산둥(山東) 사람으로 신선 학설을 추구하고 선양하며 술법을 연마하였다. 그는 기원전 218년 동남동녀 각 3,000명을 이끌고 선단을 지휘하여 발진하였다. 바로 그 출발 장소가 오늘날 칭다오(靑島)의 쉬푸다오(徐福島)이다.

쉬푸는 그 후 제주도에 상륙하여 한라산 백록담 가에서 '시름'이란 장생불사의 선약을 찾았고 다시 동진하여 남해섬에 그들의 족적을 남겼다고 한다. 남해섬의 상주면 금산(701) 중턱 400m 등고선에 이르면 선사 유적지로 알려진 암반에 '서씨과차(徐氏過此)'란 글씨가 새겨져 있다.

시황제가 불로장생의 선약을 구하기 위해 사신을 보낸 해중선산(海中仙山)인 삼신산은 모두 가상의 선경들이다. 봉래산(蓬萊山)은 여름철 금강산이며 방장산(方丈山)은 지리산이고 영주산(瀛洲山)은 한라산이라는 이야기가 비록 있지만, 같은 이름을 한 제주도의 영주산은 이야깃거리 일 수밖에 없다. 특히 영주산 북방 3km 거리에 백약이오름(357)이 있어 흥미를 더해 준다.

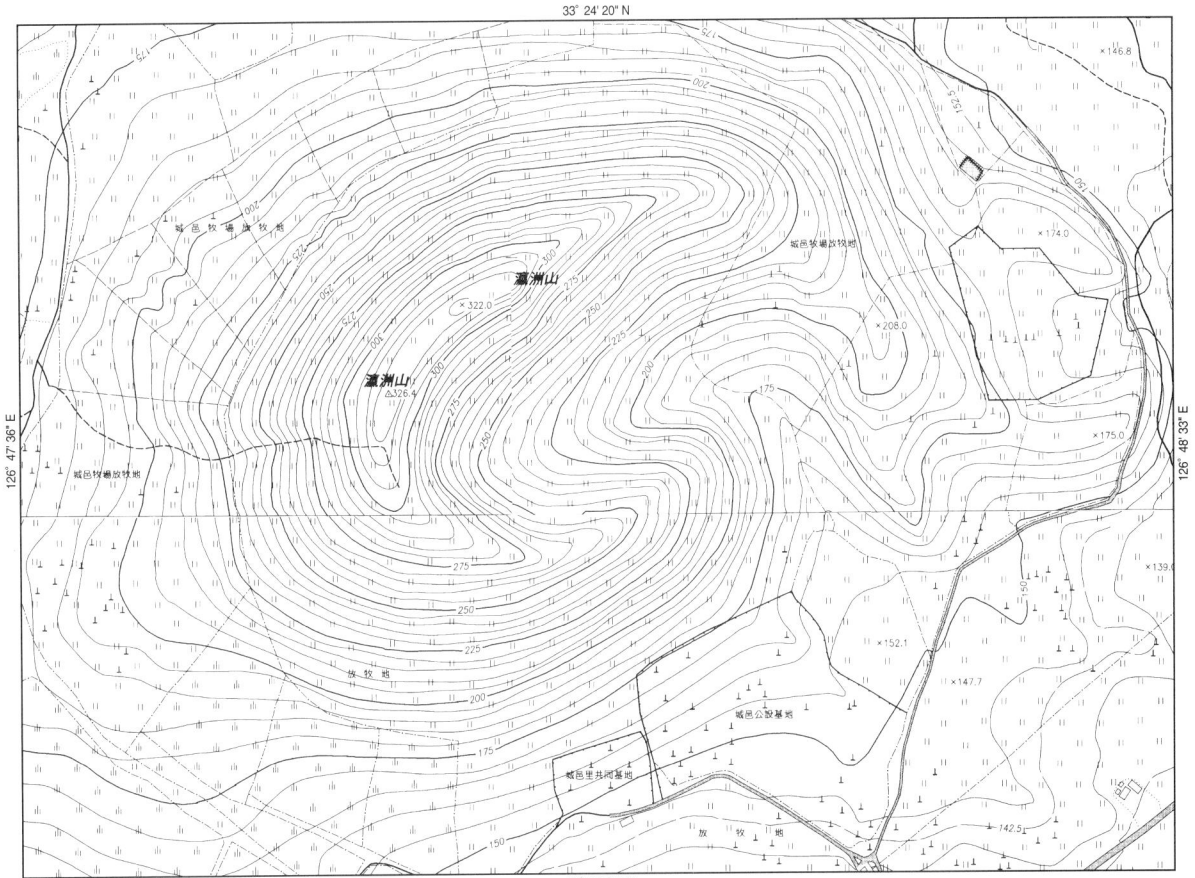

14 '개 꼬리'가 변하여 '개구리'가 된 오름

| 도엽명 모슬포 005, 006, 015, 016 | 높이 253.5m |

개꼬리오름(狗尾岳)은 현용 1:5,000 지형도에는 선소오름과 개구리오름으로 분리되어 있지만 원래는 개꼬리오름이라는 하나의 오름이었다. 수리적 위치는 33°22′01″~33″N, 126°17′17″~48″E로 동서 900m, 남북 900m 규모의 화산체이며 구두부(狗頭部)와 구미부(狗尾部)로 양분되어 있다.

구두부인 개구리오름의 표고는 253.5m이고 구미부인 선소오름의 표고는 226.0m이다. 구두부는 서쪽으로 만곡되고 구미부는 동쪽으로 만곡되어 하나의 화산체로 균형을 이루고 있다. 비고가 50m 내외이고 개 머리 부분과 개 꼬리 사이(선소오름과 개구리오름 사이)를 지나는 포장도로(명월리의 고림동에서 금악리 쪽으로 연결된 포장도로)가 있어 탐사가 손쉬운 편이다.

오름의 특징은 선소오름인 개 꼬리 부분이 초승달 모양으로 동쪽으로 만곡되며 그 동쪽 부분에 350m 직경의 보름달처럼 둥근 거대 분화구를 가지고 있는데 비심은 20m에 이른다. 화구 바닥은 사방에 방풍 돌담을 두른 밭으로 개간되었으며, 지표 지질은 개 머리 부분이 대포동조면현무암질분석구이고 개꼬리 부분은 광해악현무암질분석구이다.

서두에서 언급하였듯이 오늘날의 개구리오름과 선소오름은 원래 하나의 오름으로 개꼬리오름(狗尾岳)이었다. 개구리오름으로 잘못 기재된 부분은 구두부(狗頭部)이고 선소오름은 치켜든 개 꼬리 부분인데 우리의 선인들이 하나로 통합된 개꼬리오름으로 불러온 증거가 있다. 1918년 조선총독부에 의해 발행된 1:50,000 지형도에는 구미악(狗尾岳)으로 한문 표기하고 카타카나로 '게고리오루무'로 음을 달아 놓았다. 이는 당시 주민들과의 대화에서 얻어진 발음을 그대로 지도상에 옮겨 놓은 것으로 의심의 여지 없이 '개꼬리오름'이다.

화산체의 외적 형태 또한 개의 머리와 치켜든 꼬리의 형상이지 개구리와는 하등의 연관성도 없다. 개구리오름과 선소오름으로 변한 것은 단순한 언어의 속성이라고 보기에는 문제가 있다. 한 예로서 1:5,000 제주도 한림 080 도폭과 제주 071 도폭은 연속된 하나의 인접 도폭임에도 불구하고 하나의 연속된 오름을 서반부 쪽에서는 남좃은오름, 동반부 쪽에서는 남조슨오름으로 제각기 다르게 표기한 사례를 볼 때 아마도 오기에서 비롯된 것이 아닌가 한다.

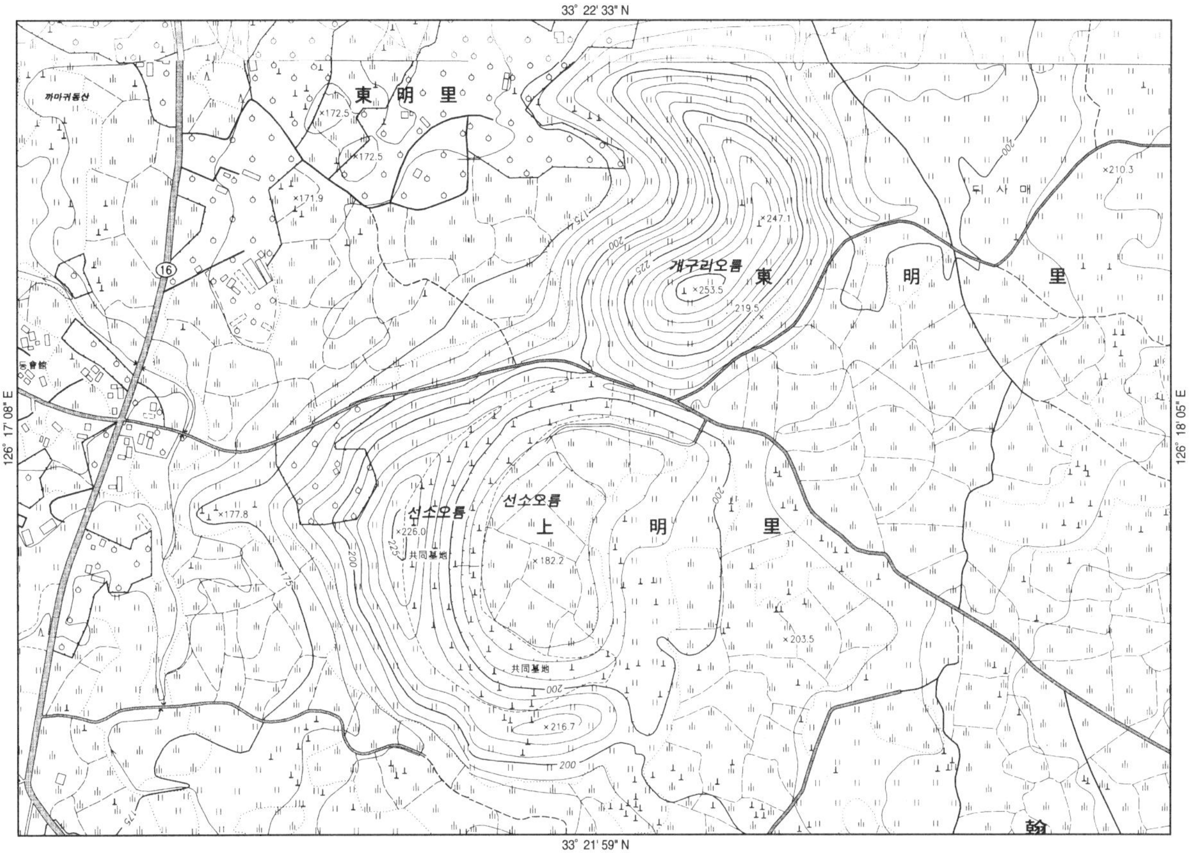
33° 22' 33" N
33° 21' 59" N
126° 17' 08" E
126° 18' 05" E
東 明 里
東 明 里
上 明 里
개구리오름
선소오름
선소오름
까마귀동산
共同墓地
共同墓地
×253.5
×247.1
219.5
×226.0
×216.7
×182.2
×203.5
×210.3
×177.8
×171.9
×172.5
×172.5

15 '왕매'라는 화구호를 가진 금오름(금악)

| 도엽명 모슬포 016, 026 | 높이 427.5m |

금오름은 북제주군 한림읍 금악리에 위치하며 남북으로 장축을 둔 우아한 난형(卵形)의 오름이다. 산정에는 동서로 장축을 둔 왕매란 이름의 아름다운 화구호가 있다.

금악(今岳, 427.5)의 수리적 위치는 33°20′54″~21′23″N, 126°18′11″~43″E이다. 동서의 너비는 850m, 남북의 길이는 900m이며 남쪽의 427.5고지와 북쪽의 403.5고지가 쌍두봉을 이루고 있다. 분화구의 크기는 동서로 270m, 남북으로 320m이다. 분화구 바닥에는 동서로 120m, 남북으로 60m의 금악담(今岳潭), 즉 왕매라고 불리는 화구호가 있는데 최대 심도 2m 내외로 건기에는 호수 바닥이 드러나기도 한다.

화구호 주변에는 화산 포출물인 화산암괴들이 많이 널려 있을 뿐만 아니라 진입로를 중심으로

왕매란 이름의 금악 화구호로 축축이 젖은 호저가 드러나 있다. 부근 일대의 화산암괴를 모아 일정한 장소에 쌓아 놓은 돌담들은 가축의 족부 부상을 예방하기 위한 것이다.

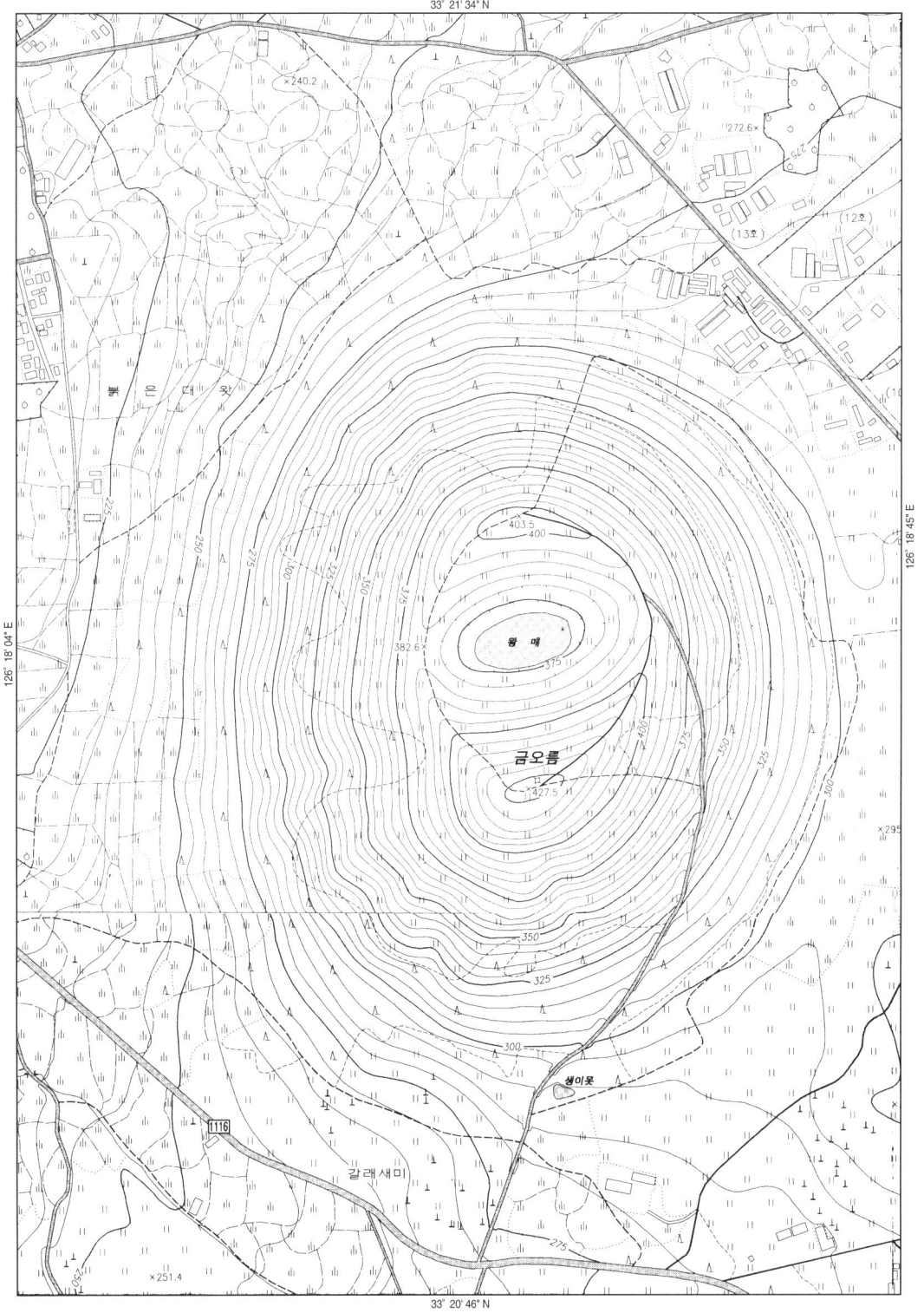

한 절개면에는 암골이 노출되어 있어 화산 폭발의 단면을 엿볼 수 있기도 하다.

금오름의 최고봉인 427.5고지에는 KBS 중계탑이 설치되어 있기 때문에 분화구의 동쪽 화구륜까지 시멘트 포장도로가 있어 오름의 동쪽 기슭을 따라 승용차 등정이 가능하다. 금악을 둘러싼 교통망의 발달과 함께 오름 옆에는 이시돌농장의 각종 교육 훈련 시설이 들어서 있고, 새미소오름과의 사이에는 성진양돈단지, 제일양돈단지 등 대규모의 축산업이 발달하였다.

지표 지질을 보면 광해악현무암이 주변의 넓은 지역을 덮고 있고 대포동조면현무암질분석구인 금오름이 있는 비교적 단조로운 지질 경관을 보여 주고 있다.

16 화산 활동 시기를 놓고 이론이 분분한 군산

| 도엽명 모슬포 058, 059, 068, 069 | 높이 334.5m |

군산(軍山, 334.5)은 남제주군 안덕면 감산리·창천리와 서귀포시 하예동·상예동에 걸쳐 입지한 기생화산체이다. 이 화산체는 『조선왕조실록』상에 기록이 남아 있다. 이에 따르면 비양도의 해중 용출은 고려 목종 5년 6월로 기록되어 있고, 서산(瑞山) 해중 용출은 고려 목종 10년에 있었다.

20세기 초 일본의 저명한 지질학자인 나카무라 신타로(中村新太郎) 동경대학 지리학 담당교수는 서산 용출을 대정(大靜) 동쪽 10km에 자리잡은 군산으로 상정하였다. 그러나 분화를 확인할 수 있는 증거가 없는 것이 아쉽다고 기록하였다. 나카무라 교수는 오가와 다쿠지(小川琢治) 교수와 더불어 금세기 초 아시아 지질학계의 선구자였다. 이들 교수의 지질학에 대한 높은 식견에 비추어 그대로 지나칠 수 없으므로 군산에 대한 계통적인 연구와 사료의 발굴 등이 요청된다.

현실적으로 군산을 살펴볼 때 1:25,000 지형도나 1:5,000 지형도를 각기 4매씩 연결하여야 살필 수 있다는 불편도 있겠으나 군산의 위치 표기 자체에서도 문제가 제기된다. 군산 화산체는 당연히 최고봉 334.5고지로 표기함이 옳을 것이나 1:5,000 지형도에서는 303.5고지에 군산 표기를 하고 있고, 최신판 1:25,000 지형도에서는 241고지에 군산을 표기하고 있어 혼란스럽기 그지없다. 일관성 있는 하나의 산체를 가지고 저명한 역사적 사실 규명을 목적으로 하는 마당에 부속된 산체에 이름을 붙이고 주된 봉우리를 제외시켰으니 말이다.

필자가 산정한 군산의 수리적 위치는 33°14′18″~15′32″N, 126°21′24″~23′21″E이다. 군산은 동서의 넓이 3,100m, 남북의 길이 2,350m인 중형 기생화산체이다. 주봉 334.5고지에서 내륙부인 북쪽의 비고는 209.5m, 남쪽의 비고는 296.1m에 이르며 산체의 형태가 복잡하여 측정 기준 설정에 다소의 어려움이 있다.

만약에 『조선왕조실록』에 나타난 고려 목종 10년에 분출된 서산(瑞山)이 군산(軍山)이란 사실이 입증된다면 이는 제주도에서 가장 새로운 역사 시대의 화산 활동으로 기재된다. 이렇게 되면 그 지질학적 의의는 커지며 새로운 관광자원으로 서기 1002년에 바다에서 솟아나온 비양도와 더불어 각광을 받게 될 것이다.

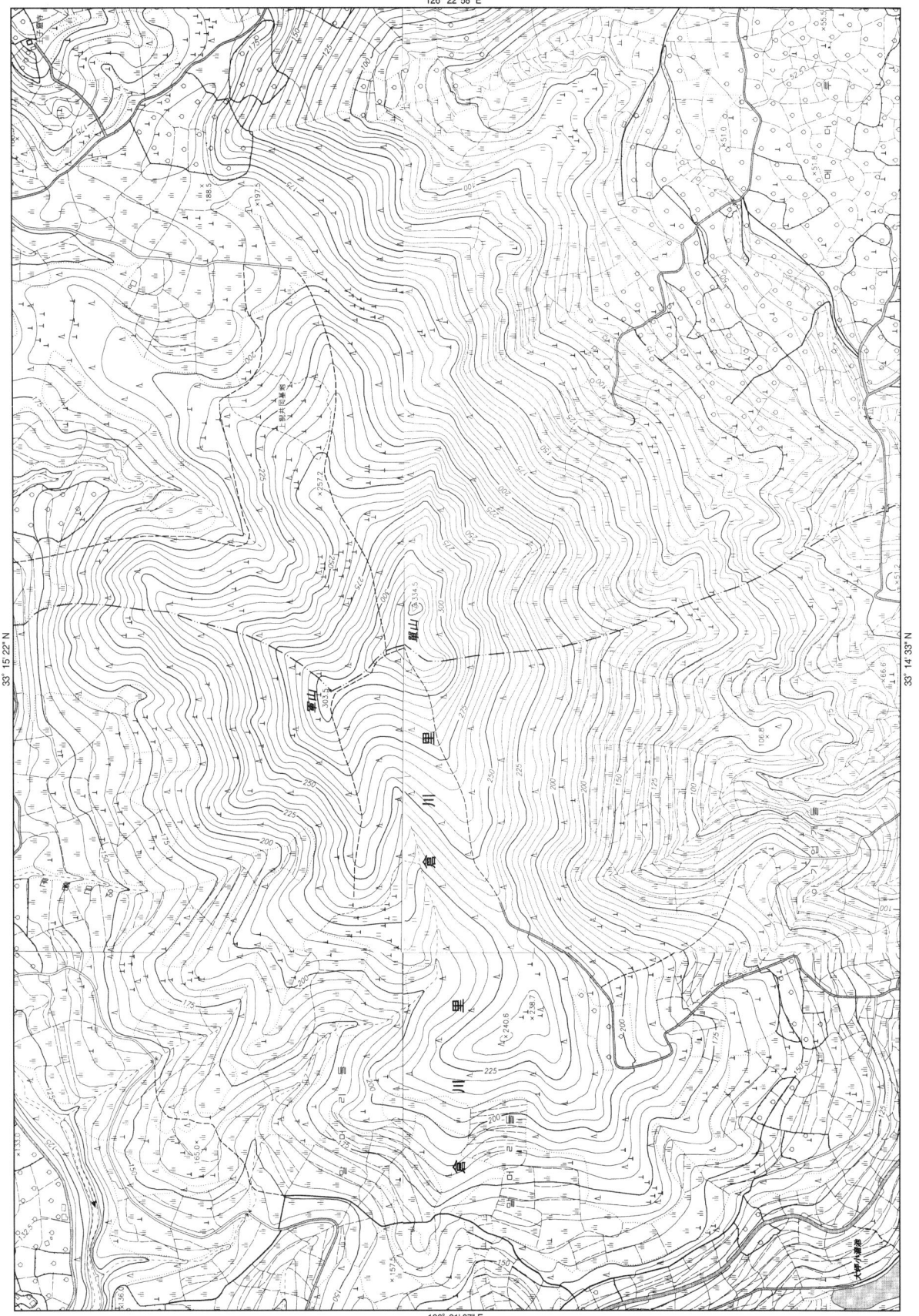

창고천 하곡인 안덕계곡과 더불어 군산의 아름다운 응회암(tuff) 수평층은 지난날의 격렬했던 화산 폭발의 단면과 화산 포출물의 중력적 낙하에 따른 화산성 퇴적암임을 살필 수 있는 좋은 지질 교육장이다.

군산의 지표 지질을 살펴보면 정상부는 강정동조면현무암질분석구이고 이들 주변을 강정동현무암질조면암이 덮고 있으며 주봉 남사면은 군산응회암으로 구성되어 있다. 한편 군산 화산체의 북서쪽은 한라산조면암이 넓은 지역을 덮고 있으며 이들과 경계하여 군산 화산체 동부는 넓은 지역에 걸쳐 법정동조면현무암이 덮고 있다.

어디선가 군산, 즉 '군뫼'의 어원을 분석한 글을 본 기억이 있는데 군뫼의 '군'은 군식구, 군더덕, 군소리, 군달(윤달) 등 '가외' 또는 '별도'의 뜻을 지니고 있다고 하였다. 그렇게 되면 군산의 '군'은 이두식 표현으로 볼 수 있으며 군산은 가외로 생긴 산, 덧 생긴 산, 나중에 생긴 산 등의 뜻을 지닌다. 따라서 군산은 역사 시대에 솟아난 산으로 추정할 수 있으며 이는 나카무라(中村) 교수의 추리를 뒷받침하기도 한다.

17 1100고지 탐라각 서쪽의 삼형제오름

| 도엽명 서귀 012 | 높이 동쪽부터 1,142.5m, 1,112.8m, 1,075.0m |

　한라산서부횡단도로(99번 일반국도)의 정점인 시군계 상에 1100고지 휴게소 탐라각이 있다. 탐라각이 있는 곳은 삼형제오름 가운데 최우측 오름인 1,142.5고지의 동쪽 기슭에 해당한다. 이곳은 한라산 등반의 가장 가까운 기점으로 도보로 영실기암 쪽으로 가든가 아니면 승용차로 영실기암 휴게소까지 가면 1시간 40분이면 한라산 정상에 도달할 수 있다.

　삼형제오름은 탐라각 1,100고개에서 오름의 정상 1,142.5고지까지는 포장된 차도가 있어 쉽게 오를 수 있다. 이곳에서 650m의 거리에 삼형제의 가운데 오름 1,112.8고지가 있다. 가운데 오름에서 삼형제 서쪽 오름까지는 불과 700m 거리이며 그 정상은 1,075.0고지로 시군계를 따라가면 쉽게 이를 수 있다. 특히 가운데 오름에는 2개의 새끼 오름이 있어 흥미를 더하여 준다.

　탐라각 바로 옆 오름(1,142.5)의 수리적 위치는 33° 21′ 09″~34″N, 126° 27′ 27″~52″E로 동서의 너비 650m, 남북의 길이 600m이며 1,100고개에서의 비고는 42.5m이다. 탐라각 부근에는 등산가 고상돈 기념비와 백록담 기념비, 백록담 전설비 등이 있고 4계절의 흥취를 잘 맛볼 수 있다.

　가운데 오름(1,112.8)의 수리적 위치는 33° 20′ 57″~21′ 33″N, 126° 26′ 52″~27′ 27″E로 동서의 너비는 860m, 남북의 길이는 1,100m이고 비고는 126m이다. 오름은 1,088.8안부를 사이에 두고 1,095.2고지와 더불어 쌍두봉을 이루며 오름의 북서쪽에 계곡이 발달하였다. 한편 오름의 남부에는 1,025.6고지, 1,014.0고지 등 새끼 오름이 있는데 전자는 평정봉을 이루는 뚜렷한 기생화산체이다.

　서쪽 오름(1075.0)의 수리적 위치는 33° 21′ 10″~29″N, 126° 26′ 34″~27′ 01″E로 동서의 너비는 670m, 남북의 길이는 560m이고 비고는 75m이다.

　삼형제오름의 지표 지질을 살펴보면 부근 일대가 모두 법정동조면현무암으로 덮여 있고 모든 분석구들은 법정동조면현무암질분석구로 이루어진 단순 지역이다.

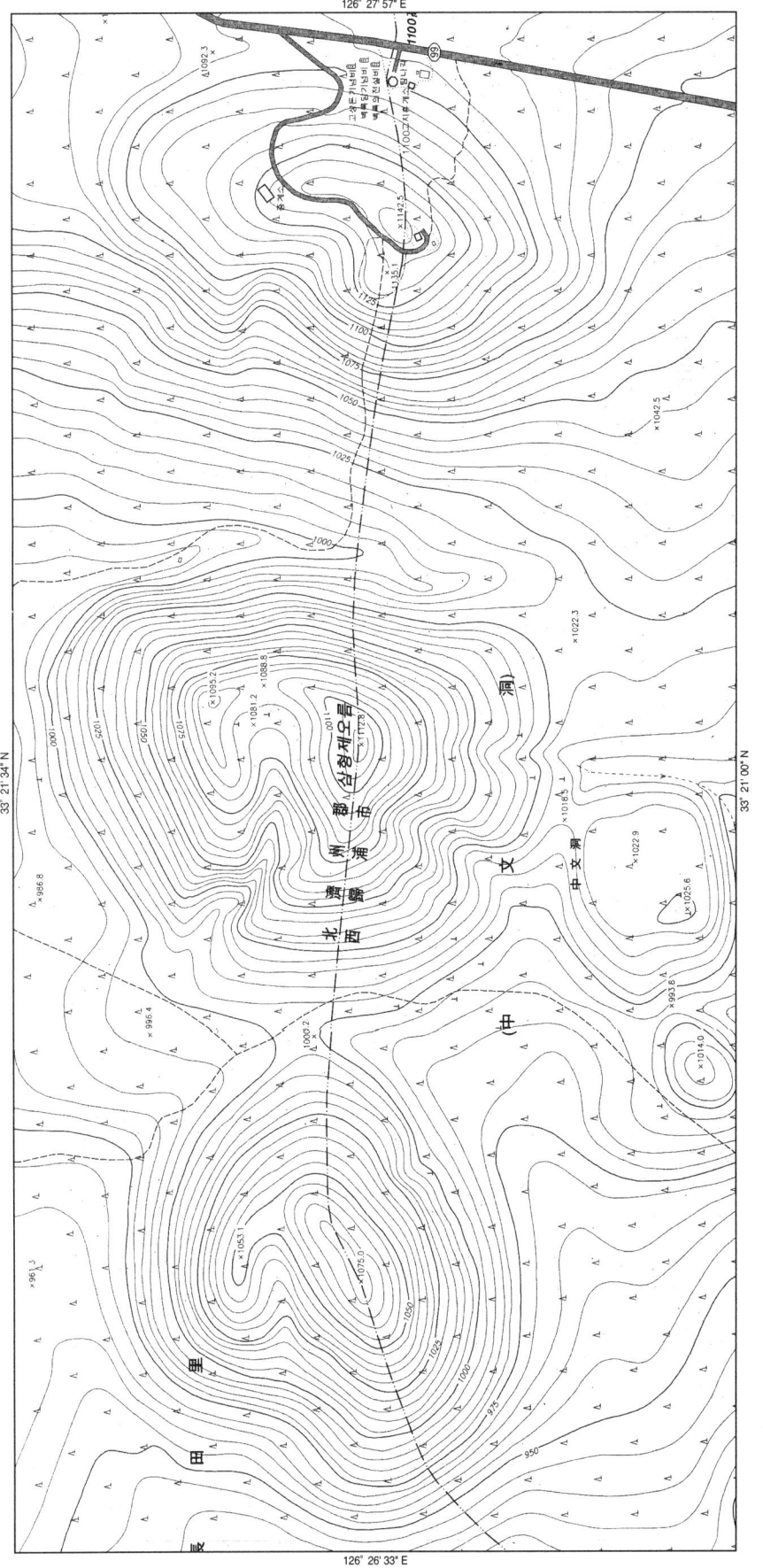

18 깔때기 모양의 분화구를 가진 월랑봉

| 도엽명 성산 058, 068, 073, 074 | 높이 382.4m |

　월랑봉(382.4), 즉 다랑쉬오름은 북제주군 구좌읍 세화리에 자리잡은 아름다운 오름으로 산정에는 깔때기형 분화구를 가지고 있을 뿐만 아니라 앙증스러운 작은월랑봉(아끈다랑쉬오름)을 거느리고 있다.

　월랑봉의 수리적 위치는 33°28′07″~39″N, 126°49′06″~43″E로 동서의 너비 950m, 남북의 길이 1,000m의 크기이고 비고는 207m이다. 화산체는 외형적으로 종상을 이루고 있으나 정상에 거대한 깔때기 모양의 분화구를 가지고 있다. 분화구의 규모는 동서로 295m, 남북으로 365m이고 비심은 북쪽의 월랑봉에서 125m, 남쪽의 안부에서 50m를 나타내고 있다.

월랑봉(다랑쉬오름) 입구에 있는 원석 간판으로 구좌읍에서는 여러 가지 편의시설을 설치하여 오름을 찾는 이들에게 불편이 없도록 세심한 주의를 기울이고 있었다.

모든 오름과 마찬가지로 월랑봉의 등산길도 매우 가파르기 때문에 등반로 양쪽에 쇠말뚝을 박고 든든한 로프로 좌우측을 묶어 노약자들의 등산을 도와주고 있다.

외륜산은 월랑봉에서 시계 방향으로 완만한 능선으로 이루어지다가 남부에서 가장 낮고 다시 서부 능선으로 북상하면서 342.0고지, 371.6고지를 거쳐 최고봉인 월랑봉 382.4고지에 이른다.

오름은 구좌읍에서 잘 관리하여 산록에는 무성한 삼나무 숲이 조성되었고, 아끈다랑쉬와의 사이에 등산로가 만들어졌는데 폐타이어와 삼나무 계단을 조화롭게 안배하였다. 뿐만 아니라 통로 양쪽에 쇠말뚝으로 로프를 묶어 노약자들의 등반을 용이하게 하였으며 아름다운 원석 간판과 간이화장실을 설치하여 등반의 편의를 제공하고 있다.

최근에는 기생화산에 대한 관심도 높은 데다가 분화구를 체험하기 위해 오름을 찾는 관광객들이 늘어나 앞으로 많은 오름들이 새로운 관광 자원화될 추세이다.

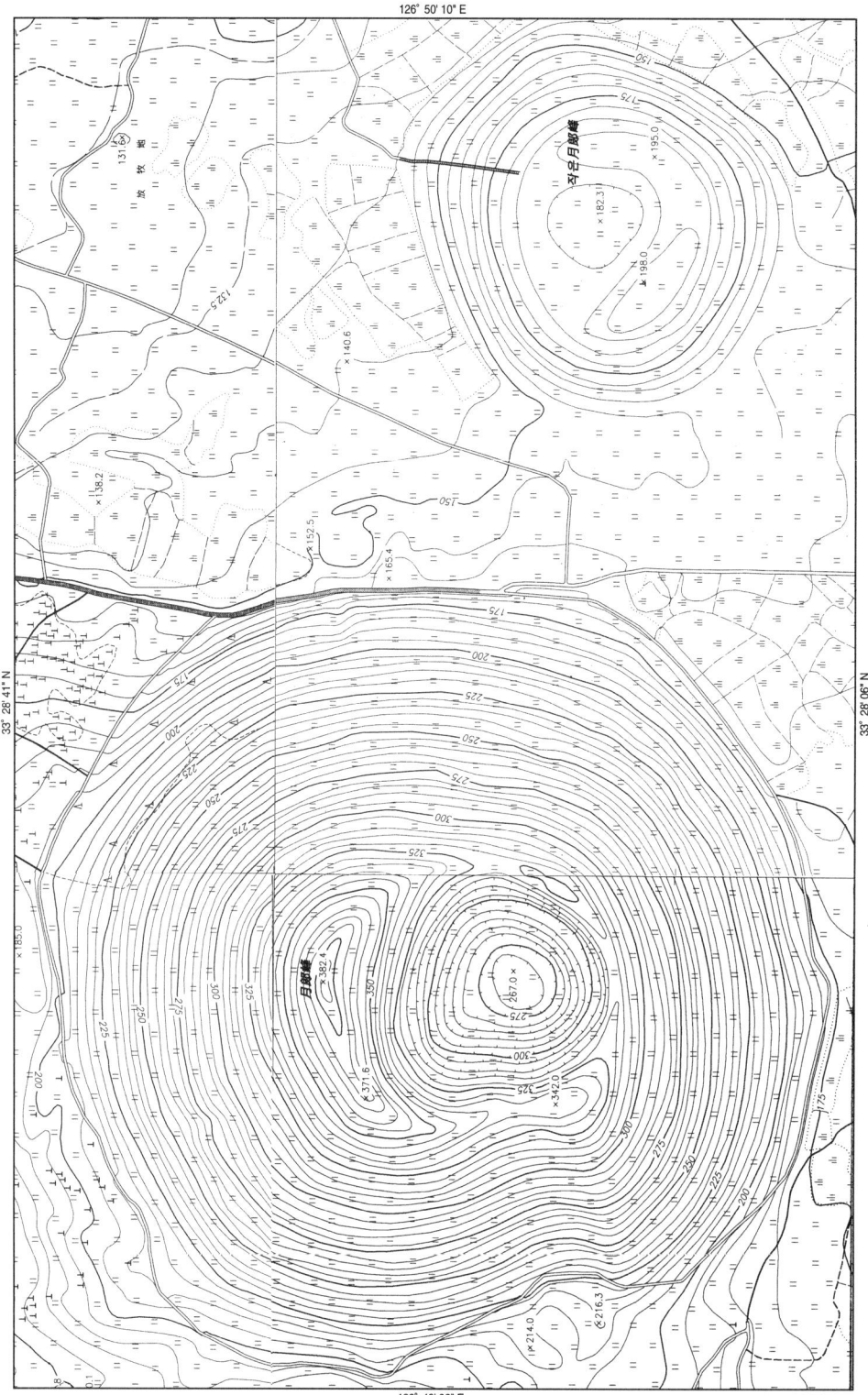

19 작은월랑봉 아끈다랑쉬오름

| 도엽명 성산 074 | 높이 198.0m |

월랑봉에서 동쪽으로 불과 200m 거리에 있는 작은 화산체로 행정구역도 월랑봉과 같으며 월랑봉의 부속 화산체와 같은 새끼 오름에 불과하다.

작은월랑봉의 수리적 위치는 33°28′09″~24″N, 126°49′51″~50′10″E로 동서의 너비 470m, 남북의 길이 450m의 완전 원형이며 비고는 40m이다. 산정에는 동서로 200m, 남북으로 200m 크기의 분화구를 가지고 있으며 예로부터 우마의 방사장으로 사용되어 왔다. 전통 촌락으로 월랑봉과 작은월랑봉 사이에 월랑동(月郞洞)이 있었으나 4·3사건 후 흔적도 없이 사라졌고, 현재는 주구물곶에 새로운 연수 시설이 들어서 있다.

작은월랑봉 북쪽 기슭으로 등반로가 개설되어 있는데 다른 기생화산체와 마찬가지로 안식각을 이루는 급한 사면이지만 그런 대로 매우 편리하다.

작은월랑봉(아끈다랑쉬오름)은 월랑봉이 거느린 새끼 월랑봉으로 월랑봉 정상에서 바라보면 매우 앙증스럽고 우아한 모습을 보게 된다. 제주도에서는 가장 오르기 쉽고 분화구를 잘 감상할 수 있는 곳일 것이다.

20 손자와 함께 오른 손자봉(손지오름)

| 도엽명 성산 073 | 높이 255.8m |

    손자봉은 손지오름으로 불리는데 손지는 손자의 제주도 말이다. 손자봉은 북제주군 구좌읍 종달리에 속하며 수리적 위치는 33°27′02″~22″N, 126°49′10″~28″E로 동서의 너비 500m, 남북의 길이 600m이고 비고는 56m이다. 손자봉 주변은 발목까지 빠지는 미세한 화산회토로 덮여 있어 토지는 비옥하며 주로 당근 재배가 이루어지는데, 노루들의 기호 식품이어서 농작물 보호에 각별한 대책을 세우고 있다.

    16번 국도인 중산간 일주 순환도로 상에 주차하고, 농작물을 야생 동물로부터 보호하기 위해 농경지의 경계마다 둘러친 짜증스러운 철조망과 그물망을 통과한 끝에 화구륜에 오를 수 있었다. 그리고 248.4고지와 주봉인 255.8고지를 거쳐 255.6고지, 249.5고지, 240.5고지를 이어 주는 반지름 250m의 외륜산을 한바퀴 돌았다.

    화구 바닥에는 2개의 분화구가 있다. 북서~남동 주향으로 100m의 간격을 두고 거의 같은 수준인 북서쪽의 229.5와지와 남동쪽의 228.6와지가 가지런히 놓였는데 와지 사이는 낮은 화구둑으로 구획되고 있다. 수목이 없고 화구륜과 분화구 전체가 초지로 덮여 있어 시야를 가릴 것이 없으므로 화구를 종횡무진하게 답사할 수 있는 매우 즐거운 답사 대상지이다.

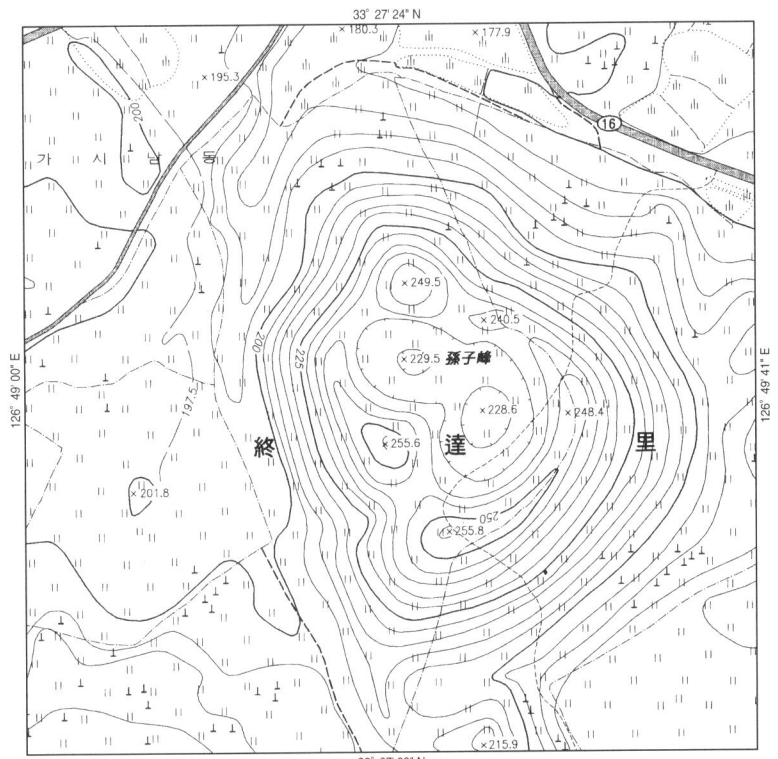

21 용이 누웠다가 눈만 남긴 용눈이오름

| 도엽명 성산 074 | 높이 247.8m |

　용눈이오름은 원래 그 이름이 용누운오름(龍臥岳, 247.8)이었는데 지역 주민에 의해 자연스럽게 '용 누운'이 '용눈'으로 바뀐 경우이다.

　용눈이오름은 손자봉 동쪽 400m 거리에 있으며 두 오름의 화구륜(crater rim) 간 거리 또한 1,370m에 불과하여 야외 답사에서 제외될 수 없는 오름이다. 오름의 수리적 위치는 33°27′11″~33″N, 126°49′48″~50′20″E이다. 동서의 너비는 750m, 남북의 길이는 700m, 비고는 73m이며 두 개의 봉우리를 가진 쌍두봉 오름이다.

　주봉은 북봉으로 247.8고지이고, 남봉 233.3고지와의 사이에 동서로 장축을 가진 큰 분화구를 가지고 있다. 분화구는 동서의 주향으로 3개로 구분되며, 비심은 최대 45m이고 최소 13m이다. 동쪽 2개의 분화구는 비교적 규모가 크며 용암 능으로(lava ridge)로 구분되며 중심 분화구가 가장 깊고 서쪽 분화구가 가장 얕다.

　용의 눈처럼 2개의 분화구가 용암 능을 경계로 동서로 둥글게 나뉘어지는 데서 용눈이오름으로 부르게 되었다. 산정에는 수목이 없어 화산 활동의 모습을 살피기에 매우 좋다.

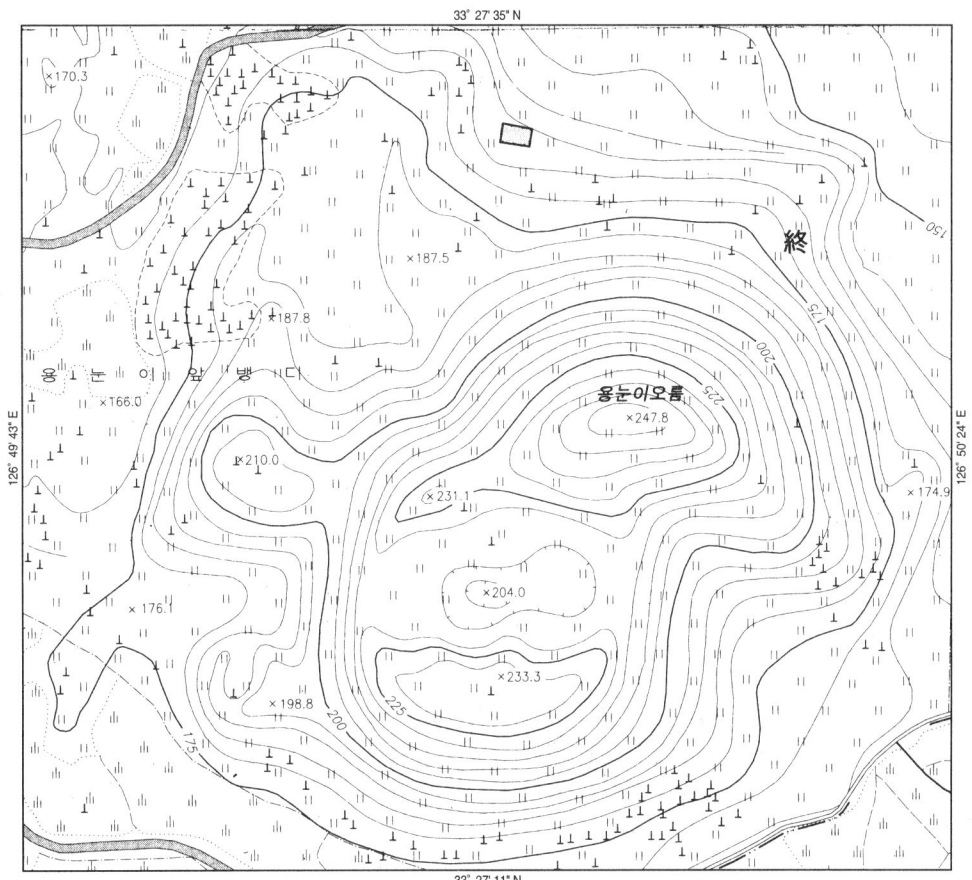

22 모든 지도에 누운오름으로 기재된 눈오름

| 도엽명 모슬포 017 | 높이 407.0m |

　누운오름은 행정적으로 북제주군 한림읍 금악리에 속한다. 누운오름을 중심으로 동서남북으로 교통망이 잘 발달하였다.

　누운오름의 원래 이름은 눈오름(雪岳, 407.0)으로 눈의 발음이 길어지면 누운이 되는 것처럼 자연스럽게 지역 주민에 의해 누운오름으로 변형된 사례이다. 앞서의 용눈이오름과는 반대의 결과를 가져왔다고 보겠다.

　누운오름은 고지와 와지가 무리를 이루고 있는 화산 지형으로 그 범위가 뚜렷하지 않아 경위도 산정과 화산체의 기준 설정이 매우 어렵다. 오름의 수리적 위치는 33°21′30″~45″N, 126°19′56″~20′17″E로 주봉 407고지를 중심으로 시계 방향으로 돌아가면 하나의 화구륜을 볼 수 있다. 377.5고지, 381.3고지, 374.9고지, 381.3고지, 398.0고지, 391.8고지, 395.0고지가 하나로 이어지는 외륜산을 이루고 있다. 또한 중앙화구구의 모습을 한 375.5고지가 있고 그 주변에는 넓은 화구원이 있다.

　한편 375.5고지 북쪽에는 용암의 냉각 과정에서 함몰된 좁고 긴 370m 등심선으로 둘러싸인 평균 너비 50m, 길이 200m에 달하는 와지가 있으며 그 남쪽에도 360m 등심선의 큰 와지군이 있다. 와지군의 길이는 남북으로 550m, 동서로 150m이며 와지의 최심부는 347.0m로 비심 18m에 도합 4개의 와지를 가지고 있다.

　부근 일대의 지표 지질은 광해악현무암이며 누운오름 역시 광해악현무암질분석구로 구성되어 있다.

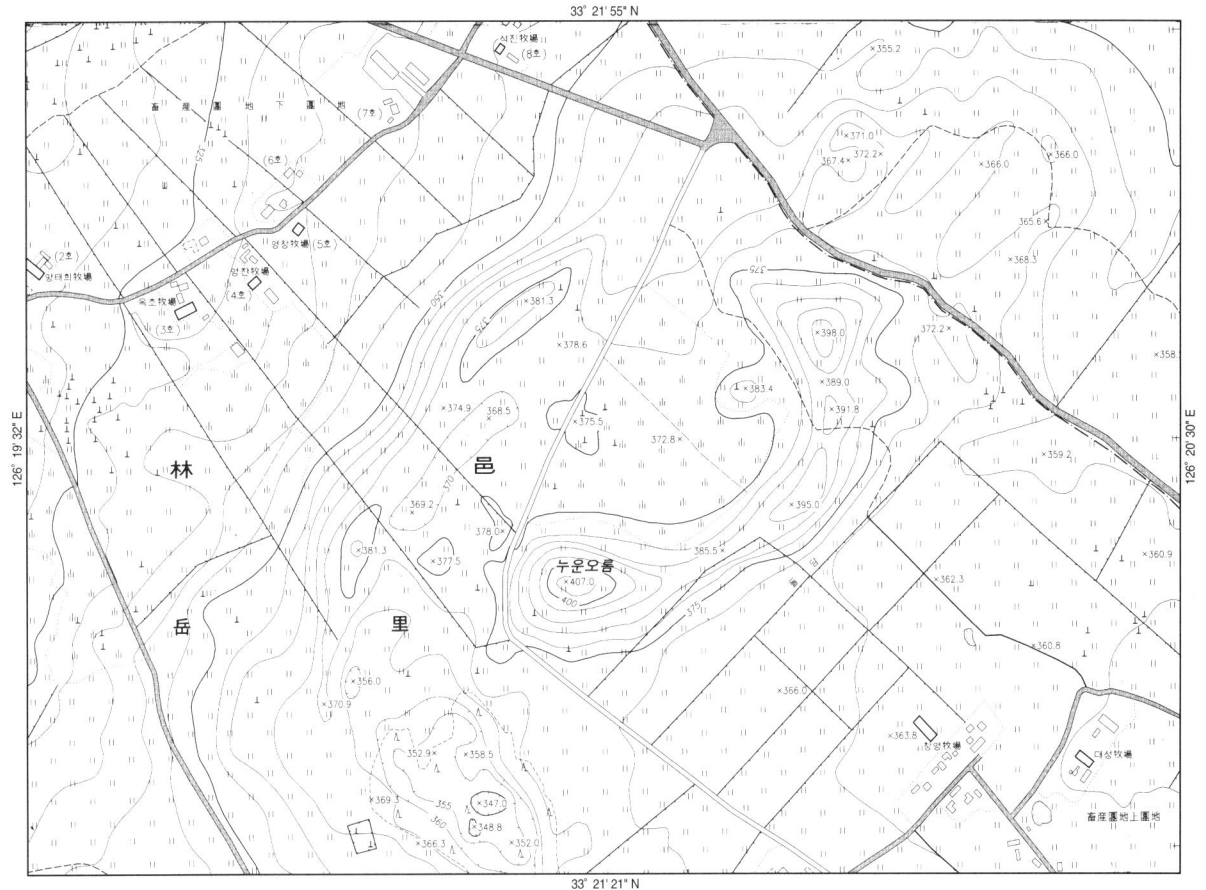

23 새미소오름과 삼뫼소라는 이름의 화구호

| 도엽명 모슬포 017, 027 | 높이 373.5m |

　새미소오름은 북제주군 한림읍 금악리 이시돌목장 내의 성이시돌회관 북방 500m에 자리잡고 있다. 수리적 위치는 33°20′45″~21′03″N, 126°19′10″~37″E이다.

　화산체의 동서 너비는 680m, 남북 길이는 480m이며 비고는 28.5m이다. 새미소오름 정상 373.5고지를 기준으로 시계 방향으로 364.6고지, 360.2고지, 362.6고지, 370.9고지, 356.6고지 등이 외륜산을 이루고 있다. 외륜산의 중심부에는 화구호인 새미소(1:25,000 지형도에는 '삼뫼소'라 표기됨)가 있는데 동서의 너비 170m, 남북의 길이 100m인 타원형의 호수로서 이시돌목장의 용수원으로 활용되고 있다.

　1961년 10월 한림천주교회 바드리오 신부(본명 맥그린치 : 아일랜드 출신)는 입지 조건의 우수성을 고려하여 정물오름과 새미소오름 사이에 이시돌목장단지를 조성하였다. 당시 목장은 200헥타르의 땅과 축사를 비롯한 연수생 수용 시설 등 700평의 건물에서 축산 강습생 22명을 데리고 700두의 면양과 900두의 돼지로 시작하였다. 국가의 축산 정책에 이바지하면서 큰 발전을 거듭하여 오늘날에는 이시돌목장을 모르는 사람이 없을 정도로 유명세가 붙었으며 젖소를 비롯하여 가금류에 이르기까지 시설과 규모가 매우 크게 확대되었다.

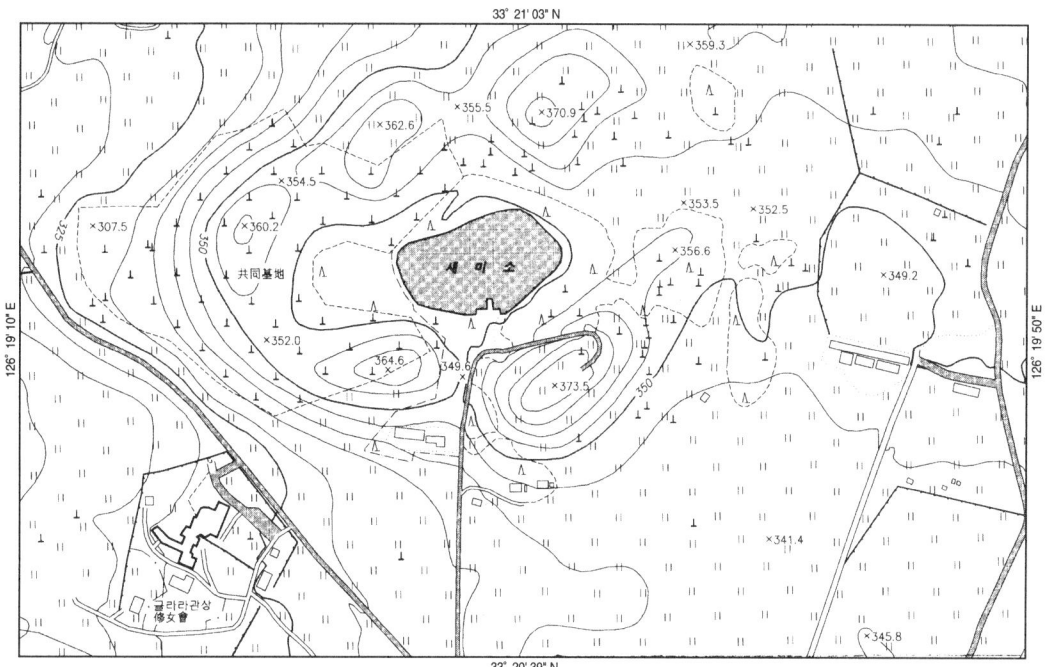

24 매부리를 닮은 매오름 분화구의 수난

| 도엽명 표선 036, 037 | 높이 136.7m |

    매오름은 남제주군 표선면 세화리 한지동 북방에 자리 잡은 비교적 규모가 큰 화구분지로 33° 18′ 29″~19′ 02″N, 126° 48′ 16″~49′ 12″E에 걸쳐 있다. 화산체는 동서 1,470m, 남북 1,150m의 규모이며 비고는 100m에 이른다.

    분화구 동쪽으로 산체를 이루며 주봉인 매오름(136.7)이 자리하고 있다. 분화구의 서쪽은 40m 등고선을 따라 10m 내외의 둑 형태인 화구제(crater rim)가 있다. 화구제 안의 분화구는 전체가 평탄한 대상지(臺狀地)를 이루며 수많은 명상 와지들이 산재되어 있다. 분화구의 크기는 동서로 800m, 남북으로 850m로 거의 원에 가까운 모양새이다. 분화구에서는 염기성 용암이 북방으로 넘쳐 흘러 넓게 퍼져나갔다.

    외륜산은 매부리에서 주봉인 매오름(136.7)을 기준으로 시계 방향으로 분화구 북방의 55.5고지, 57.7고지, 54.5고지에서 매부리에 이르는 외륜인 화구제를 가지는 하나의 분화구를 이룬다. 분화구 내에는 49.9와지, 52.7와지, 54.0와지, 56.0와지, 54.7와지, 54.5와지, 58.0와지, 53.5와지, 52.7와지, 50.0와지 등 모두 10개의 와지가 들어 있으며 이들이 연합하여 화구를 구성하였는데, 마치 팥죽 솥 끓듯이 용암지를 이루며 언덕과 함몰에 의한 와지를 만들었다고 추리할 수 있다.

    분화구 내에는 우주레미콘과 세화레미콘 공장이 자리 잡고 있으며 골재 채취 현장으로 변하였다. 분지 주변의 농경지를 제외한 저지대는 거의 본래의 모습을 찾아볼 수 없는 정도로 원형이 파괴되어 가고 있다.

    매부리오름은 용암의 수증기 폭발로 만들어진 하나의 응회환(tuff ring)으로 충분한 학술적 가치가 있다. 따라서 보존의 필요성이 제기된다.

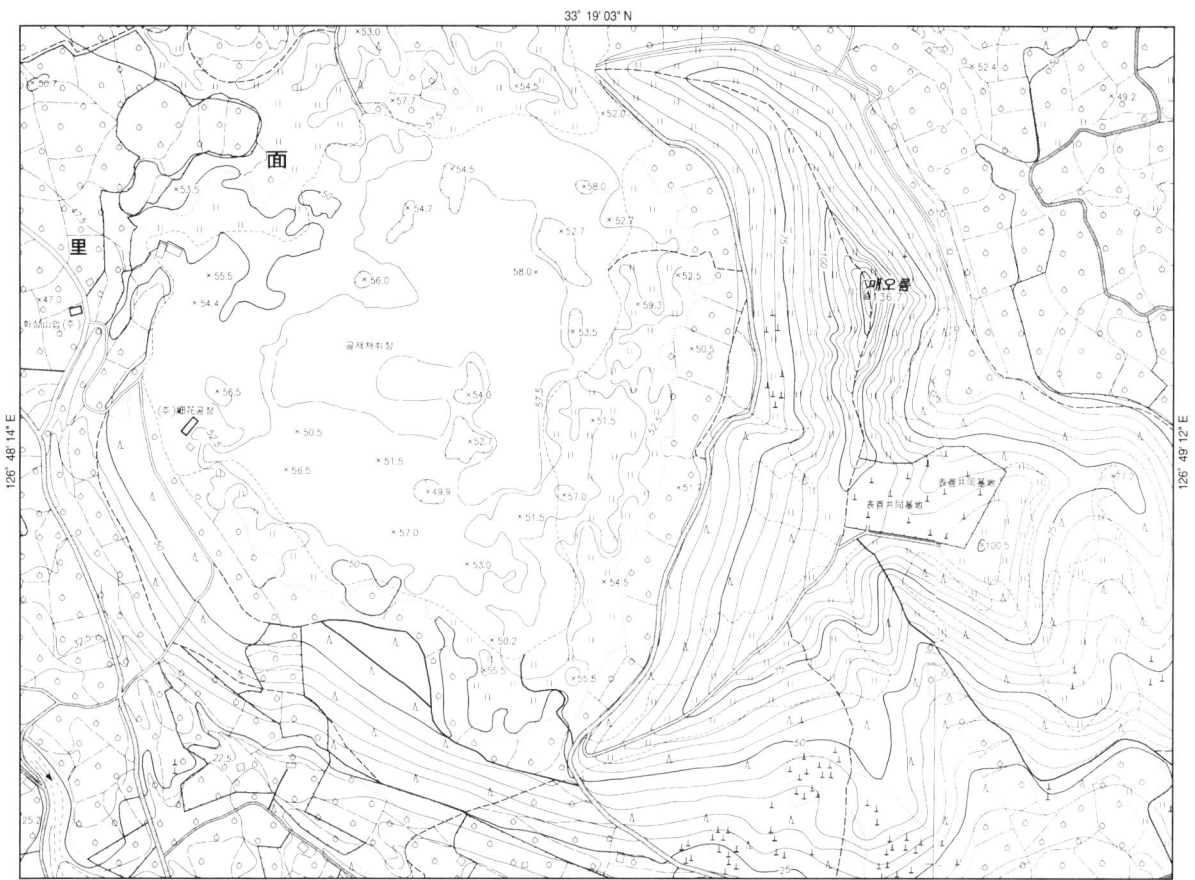

25 숲에 가려 지형도 상에서만 관찰되는 자배봉
| 도엽명 표선 041 | 높이 211.3m |

자배봉(雌䰱峰)은 북제주군 남원읍 위미리 16번 일반국도 변에 입지하며 주차장과 등반로 등이 잘 정비된 오름이다. 깊은 숲에 둘러싸여 있어 지역 주민의 삼림욕장으로 개발되었으나 전망은 없다.

화산체는 33°17′31″∼58″N, 126°40′32″∼56″E에 위치하며 동서의 너비 630m, 남북의 길이 800m이고 비고는 66m이다(1:5,000 지형도 상에 자배봉의 '자'가 뫼 산(山) 변으로 기재된 것은 오기이다).

화산체는 주봉인 자배봉(211.3)에서 시계 방향으로 172.8고지, 181.5고지, 160안부를 지나 170.2고지, 177.2고지, 191.2고지 등 외륜산에 둘러싸인 큰 분화구를 가지고 있는데 비심은 21∼77m에 이른다. 분화구의 크기는 동서로 340m, 남북으로 400m 규모이지만 외륜산을 일주하면서 화구 바닥을 들여다 볼 수 없는 정도로 숲이 우거져 화구저로 내려갈 수 있는 통로 개발이 요구된다.

오름 북동부 화구륜 상에 남제주군 당국이 설치한 3기의 고인돌 표지가 있는데 여러 가지 여건상으로 볼 때 그 진위가 매우 의심스러운 점이 많았다. 화산체를 둘러싼 주변 지역은 저평하여 과수원이 에워싸고 있다. 16번 일반국도 변 4거리에는 전통마을 대성동(망전)이 입지하였다.

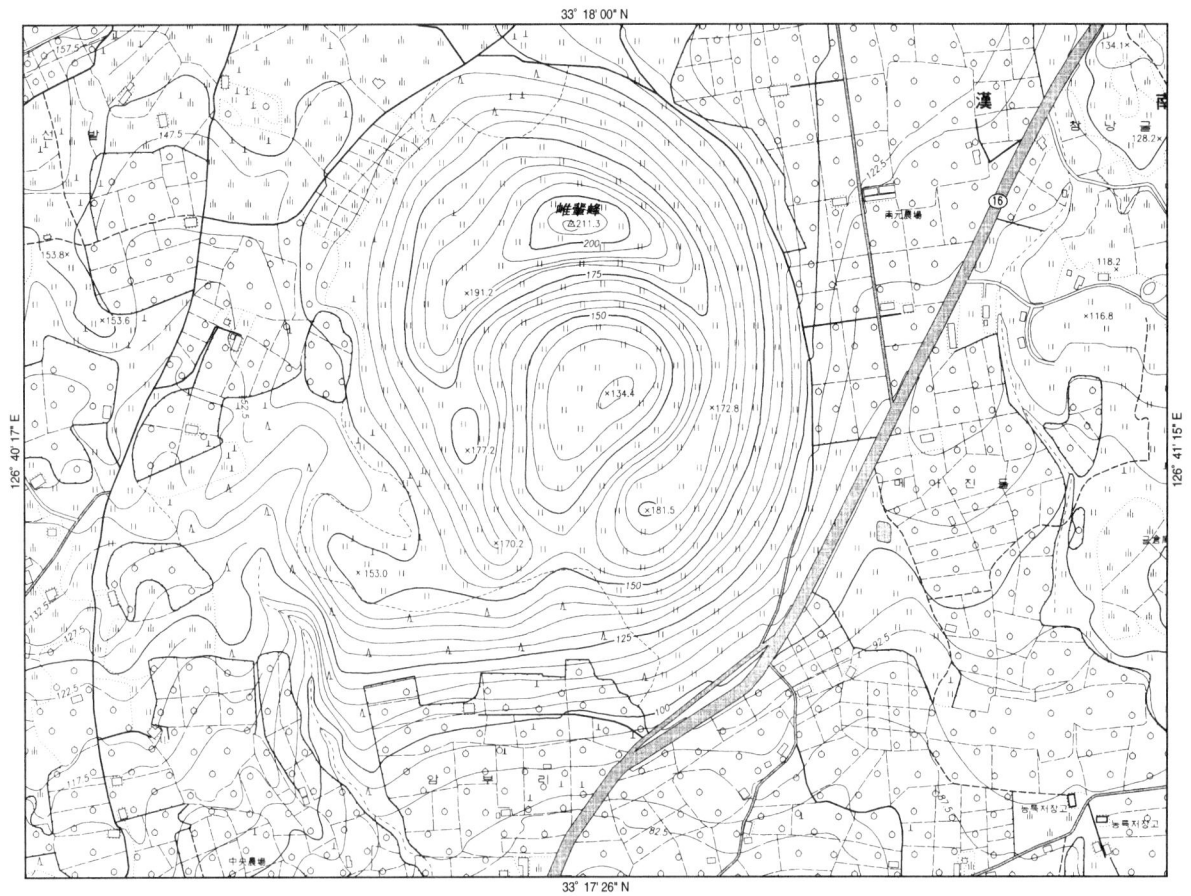

26 제주항 배후산지를 이루는 사라봉 공원

| 도엽명 제주 052, 053 | 높이 148.2m |

　제주시 건입동 바닷가에 자리잡은 사라봉은 제주항 국제여객선터미널 배후산지로서 제주 시민은 물론이요 제주도를 찾는 이들의 사랑을 받아 온 기생화산체의 도시 공원이다. 사라봉 정상에는 망양정을 비롯하여 산지 등대와 의병항쟁기념관, 보림사, 모충사가 자리 잡고 있을 뿐만 아니라 울창한 숲이 조성되어 있다. 망양정에서 붉게 물든 서해 낙조와 한라산의 위용을 바라본 학자와 시인 묵객들이 일찍이 영주 10경 중의 한 곳으로 찬사를 아끼지 않은 곳이다.

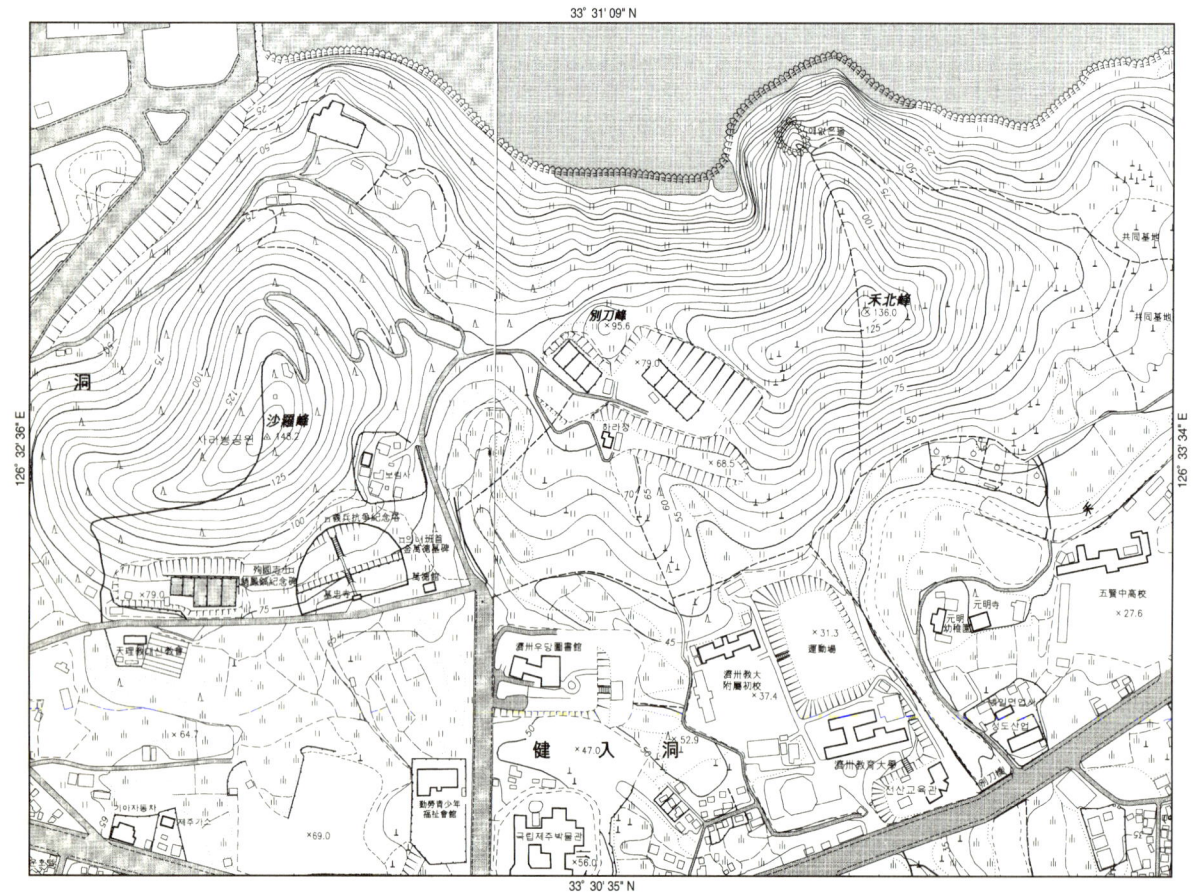

사라봉(沙羅峰, 148.2)의 수리적 위치는 33°31′15″~38″N, 126°32′36″~57″E로 동서의 너비 500m, 남북의 길이 700m이고, 남쪽 사면에서의 비고는 73m에 불과하다.

사라봉 분석구의 지표 지질은 유동성이 강한 현무암 즉 건입동하와이아이트(Hawaiite)이며 북단의 별도봉현무암질분석구는 특색 있는 사라봉분석구로 명명되어 있다. 다시 말하여 화산체의 남서부는 건입동하와이아이트와 접하고 화산체 북동부와 건입동화와이아이트와 접하는 남부는 북오름현무암으로 별도봉과 화북봉의 외연을 둘러싸고 있다. 북오름현무암과 접하는 지표 지질은 신흥리현무암이며 사라봉 북동부인 임해 지역은 별도봉응회암으로 해식애를 이루고 있다.

사라봉과 연속된 하나의 화산체인 별도봉(別刀峰, 95.6)과 화북봉(禾北峰, 136.0)에 대한 설명을 약간 덧붙이고자 한다. 1931년 조선총독부 지질기사로 있던 일본인 하라구치(原口九萬)가 조선지질조사요보 제10권 1호로 제주도의 지질 보고서를 제출하였다. 그는 보고서 36쪽에 제2판 제5도로 사라봉·별도봉·화북봉의 단면도를 그렸는데 그 도면을 독자들이 이해하기 쉽게 가필하여 소개하고 설명을 더 하였다(아래 그림).

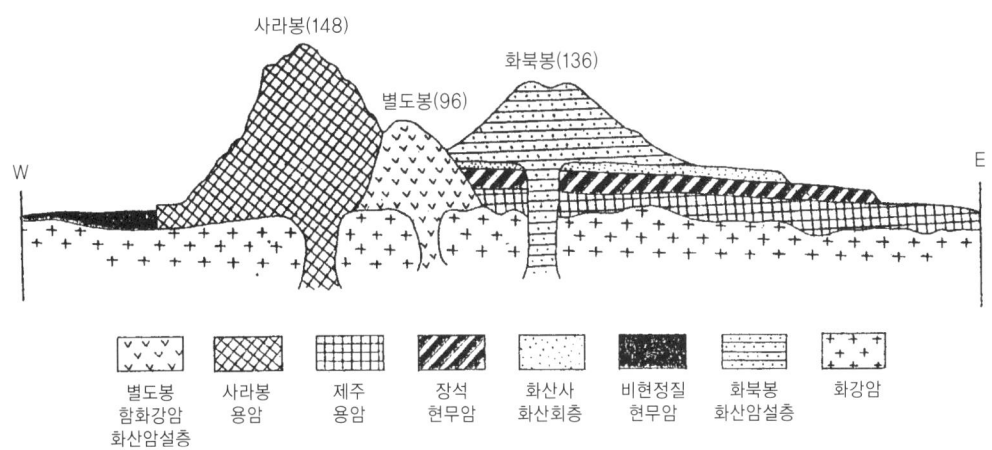

하라구치(原口)가 그린 사라봉·별도봉·화북봉의 단면도를 수정한 그림. 활용 가능한 모든 지형도와 자료를 분석하여 하라구치 원도 상의 오류를 필자가 일부 수정하였다. 사라봉·별도봉·화북봉의 방위와 위치, 고도가 잘못 기재되어 있었다.

27 입지 조건과 전망이 좋은 원당봉(원당오름)

| 도엽명 제주 044, 045, 054, 055 | 높이 170.7m |

　원당봉(170.7)은 제주시 삼양동과 북제주군 조천읍 신촌리 경계 지대에 입지한 흥미로운 오름으로 옛날부터 원당 7봉 또는 삼첩(三疊) 7봉이라고 불리어 왔다.

　주봉인 170.7고지와 서쪽 250m 거리의 155.1고지가 반달 모양의 쌍두봉을 이루고 화구륜으로서 87.8고지, 95.1고지, 81.7고지, 94.3고지, 71.3고지 등의 부속 자화산체들이 원당 7봉을 구성하고 있다.

　흥미로운 것은 주봉 능선과 북서 외륜산 안의 100m 등고선을 중심으로 뚜렷한 분화구와 직경 50m 내외의 화구호가 있다는 것이다. 호반에는 문강사(門降寺)가 자리잡고 있다. 뿐만 아니라 화구륜 5봉 내의 평탄면을 중심으로 원당사와 원당불탑사가 자리잡고 있으며 원당불탑사 경내에는 건립의 역사와 유래는 알 수 없으나 보물 1,187호로 지정된 5층석탑이 자리 잡고 있다.

　원당봉의 수리적 위치는 33°31′09″~43″N, 126°35′39″~36′17″E로 동서의 너비 970m, 남북의 길이 1,050m에 비고는 120m 내외이다. 부근 일대의 지형은 저평하며 해안에 입지한 오름으로서 더욱 돋보인다. 지표 지질은 원당봉은 원당봉현무암질분석구이고 주변은 원당봉현무암으로 구성되어 있다.

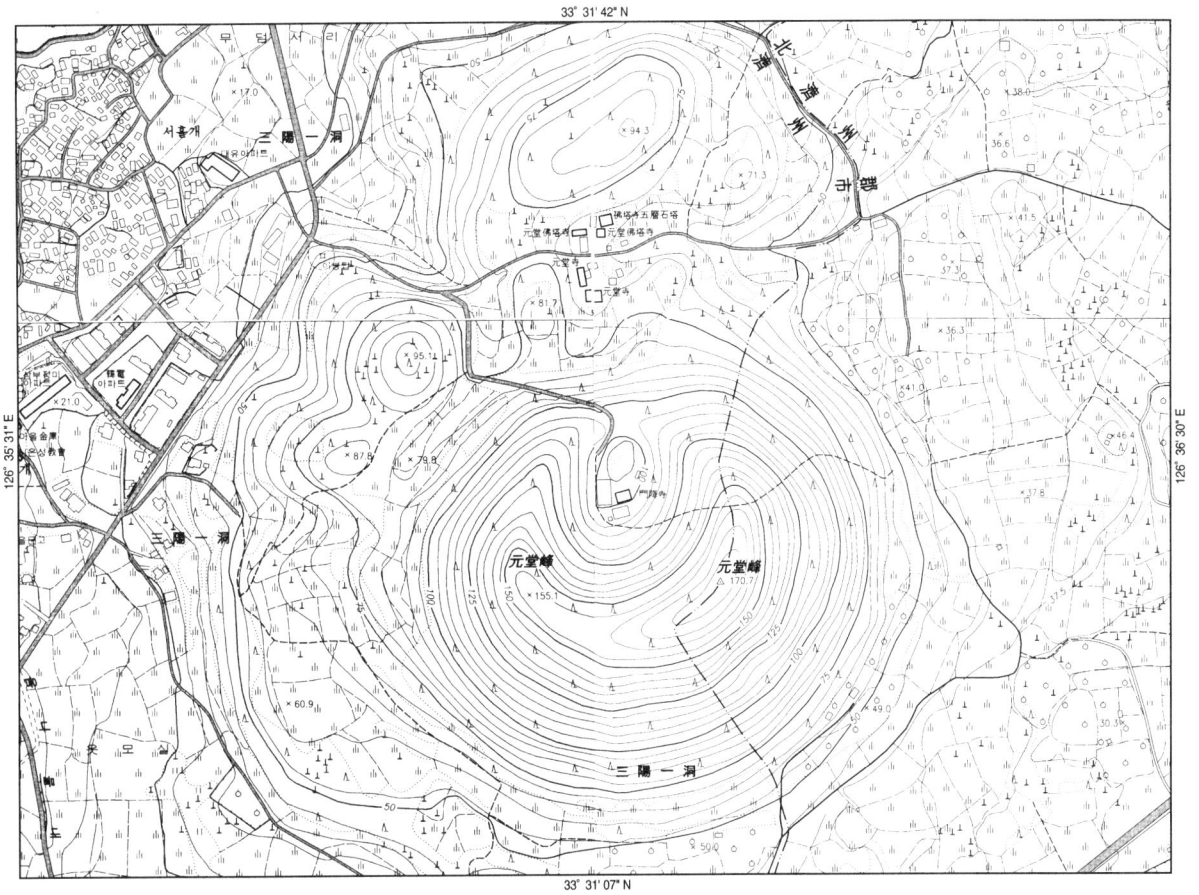

28 분화구 바닥에 삼나무 검은 테를 두른 아부오름

| 도엽명 성산 082 | 높이 223.3m |

　아부오름(亞父岳)은 북제주군 구좌읍 송당리에 위치한 작은 오름이지만 산체에 비해 분화구가 큰 오름으로 작은 산굼부리를 연상시킨다. 수리적 위치는 33°26′34″~54″N, 126°46′35″~47′00″E이고 동서의 너비 650m, 남북의 길이 650m, 비고 44m의 폭렬화구형 화산체이다.

　화구의 규모는 동서로 500m, 남북으로 450m이며 오름 동쪽의 주봉 301.4고지와 오름 북쪽의 285.8고지를 연결하는 완전한 원형의 화구륜을 가지고 있다. 폭발의 힘에 의해 북서부에 가장 낮

아부오름 분화구 바닥은 원형 축구장의 방풍림처럼 삼나무 테를 두루고 있다. 삼나무를 둥글게 심은 목적과 이유에 대해서는 알 수 없다.

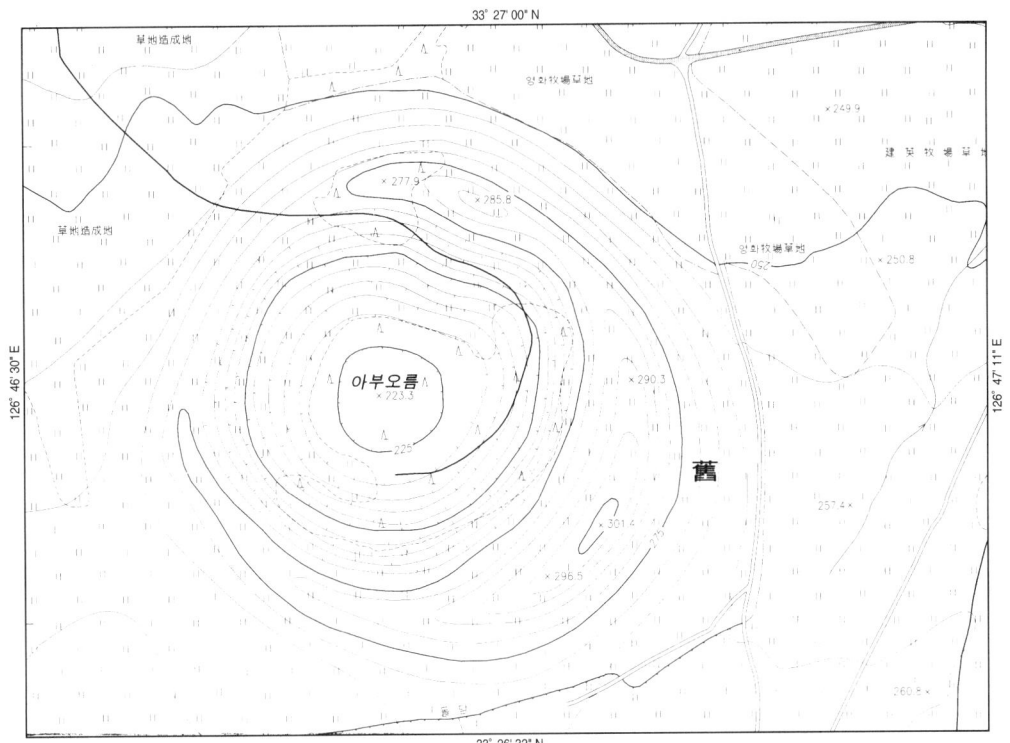

은 안부를 두고 있다. 화구 중심부의 표고는 223.3m, 최대 비심은 78m이고 최소 비심은 화산체 서부에서 40m를 나타내고 있다.

분화구 바닥에는 삼나무들이 띠를 이루며 무성하게 자라고 있다.

29 풍부한 약초의 산지로 알려진 백약이오름
| 도엽명 성산 082 | 높이 366.9m |

백약이오름은 아부오름에서 남동쪽으로 1km 거리에 있다. 행정적 위치로는 남제주군 표선읍 성읍리에 속하며 수리적 위치는 33° 25′ 47″~26′ 19″N, 126° 47′ 10″~52″E이다.

동서의 너비는 1,100m, 남북의 길이도 1,100m이며 비고가 68m인 화산체인데 정상에 남북 280m, 동서 380m의 큰 분화구가 있다. 주봉인 366.9고지에서 시계 방향으로 351.2고지, 352.1고지, 342.3고지, 340.5고지, 343.0고지, 350.8고지 등 외륜산을 가지고 있으며 화구 바닥의 표고는 308m로 비심은 최대 59m, 최소 24m이다.

오름 사면의 경사는 비교적 크며 분화구로 접근하기가 쉽지 않다. 오름에는 약용식물인 산딸기(복분자), 향유, 방아풀, 층층이꽃, 인동덩쿨, 초피나무, 쇠무릎 등이 자생하고 있다.

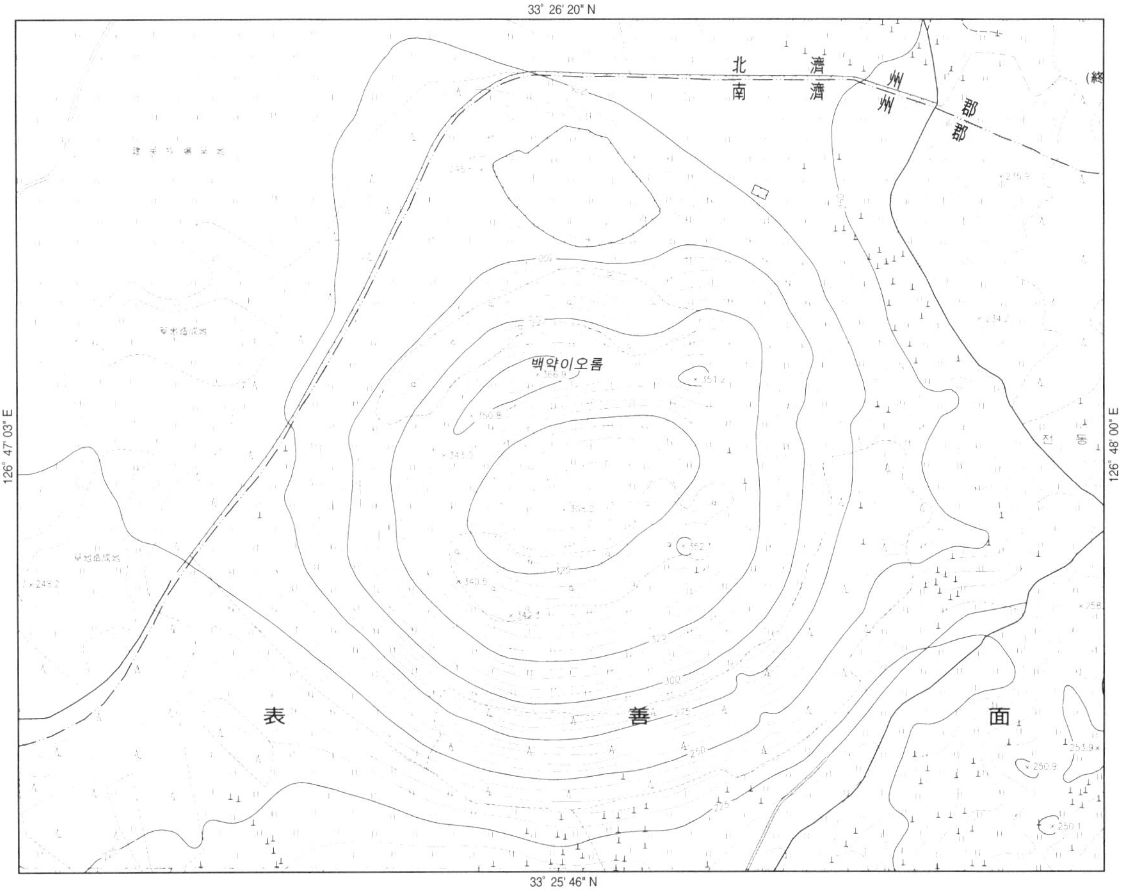

33° 26' 20" N

北濟
南濟　州
　州　郡
　郡

126° 47' 03" E

백약이오름

126° 48' 00" E

表　　　善　　　面

33° 25' 46" N

30 지형도와 달라 당혹스러운 입산봉

| 도엽명 성산 041 | 높이 82.0m |

    입산봉은 20세기 초에 만들어진 1:50,000 독부도(督府圖)에는 화산체의 이름조차 누락되어 있고 표고는 89m로 기재되어 있다. 이 지도를 기본으로 제작된 극동도는 입산봉의 표고를 83m로 표기하여 6m의 편차가 생겼으며 화산체의 중심부에는 직경 300m의 만수된 화구호까지 나타내고 있다.

    현재 사용되고 있는 1:50,000 지형도에는 입산봉 이름만 표기되고 표고는 표시되지 않았다. 최근에 제작된 1:25,000 지형도에는 입산봉(立傘峰, 87m)과 화구 중심부에 직경 50m의 네모꼴 류지(溜池)를 표기하고 있다. 그러나 1:5,000 대축척 정밀 지형도는 50m 등고선 이하의 화구 바닥을 밭으로 표기하고 동심원의 소로와 방사상의 소로망으로 이어 주고 있으며 화구저 중심부에는 한 변의 길이가 15m인 네모꼴의 류지를 표기하고 있다.

    1:5,000 지형도에서는 주곡선이 5m의 높이를 나타내므로 5m 이하의 고저 기복은 무시된다. 실제로 입산봉의 화구 바닥은 5m 이하의 기복이 있고 화구호와 같은 지형은 발달되어 있지 않다. 수목이 우거져 제대로 관찰할 수 없지만 그래도 1:5,000 지형도와 유사한 지형을 하고 있다.

    입산봉(入傘峰, 87m)의 수리적 위치는 33°32′34″~52″N, 126°45′21″~47″E 범위 내이며 분화구 동서의 너비는 550m, 남북의 길이는 550m이다. 화산체 중심부의 동서로 280m, 남북으로 280m의 화구 바닥이 도상에서 볼 때에는 거의 평탄한 동심원과 방사상의 소로로 개발된 것처럼 보여지나 실제로는 그렇지 않은, 저기복의 구릉을 가진 화산 지형이다.

    입산봉 화구 내에는 2개의 농장이 입지하고 있으며 외륜산은 김녕공동묘지와 입산봉공동묘지로 개발되었다. 입산봉은 우산을 거꾸로 세워 놓은 것 같은 모양새에서 도입된 지명이다. 그러나 실제의 입산봉은 이런 의미를 전혀 발견할 수 없으며 현장은 사실상 공동묘지일 뿐 지형도 상의 표기와는 전혀 다른 상태를 보여 주고 있다.

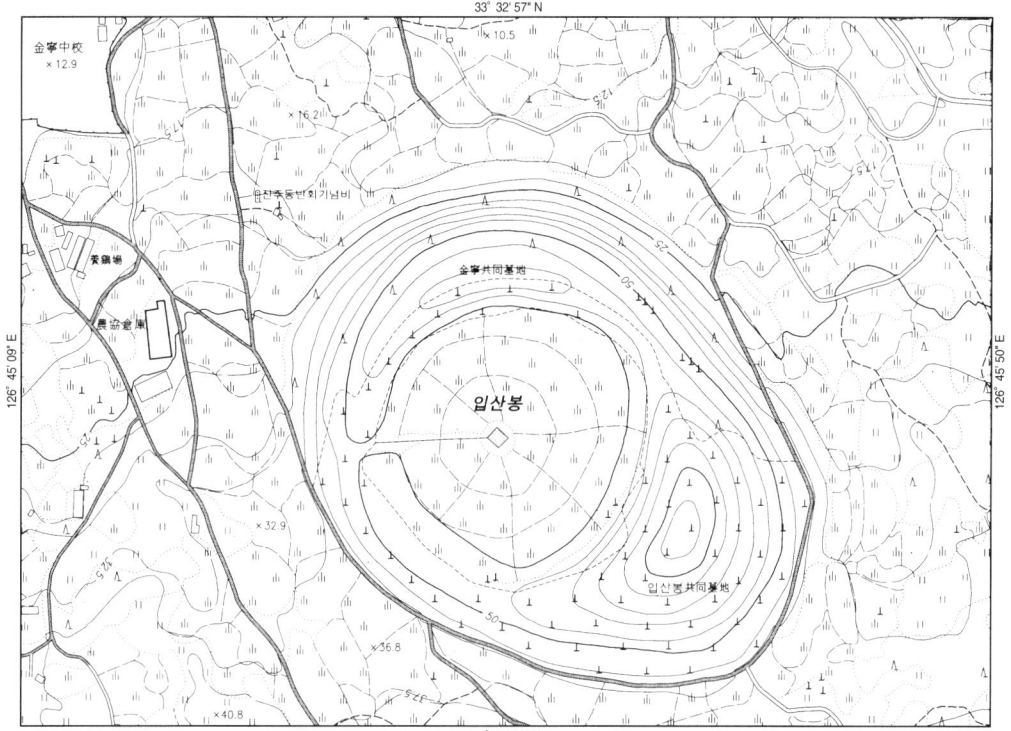

31 복잡한 지형으로 구성된 고내봉

| 도엽명 한림 074, 084 | 높이 175.3m |

고내봉(高內峰, 175.3)은 북제주군 애월읍 고내리와 상가리, 하가리에 걸쳐 있는 비교적 규모가 있는 분석구로 수리적 위치는 33°26′58″~27′33″N, 126°20′12″~49″E이다.

이 화산체는 지형 형성 과정이 매우 복잡하여 175.3고지를 주봉으로 한 후화산 작용으로 100m 등고선과 125m 등고선 사이에 4기의 자화산을 만들었다. 이들 자화산은 104.8고지, 115.2고지, 126.0고지, 108.0고지 등으로 20m 내외의 구릉지를 이루며 옛 분화구를 중심으로 일종의 대상지(台狀地)를 형성하였다.

지역 내에는 4곳의 고내공동묘지와 1곳의 애월공동묘지가 있으며 묘역과 관련된 보광사가 104.8고지와 115.2고지 사이에 입지하는 등 지형을 합리적으로 이용하고 있다. 고내봉의 규모는 동서의 너비 1,000m, 남북의 길이 1,100m에 둘레가 3,400m이다. 한편 고내봉 남동방 700m에는 연화지(蓮花池)가 있는데 호심에는 육각정이 있어 풍경이 아름답다.

부근 일대의 지표 지질을 보면 고내봉 분석구와 분석구 북사면은 고내봉응회암이고, 고내봉 동부 지역은 하가리현무암으로 덮여 있다. 고내분석구 서쪽의 넓은 지역은 유동성이 강한 현무암 고내봉 Hawaiite로 덮여 있다.

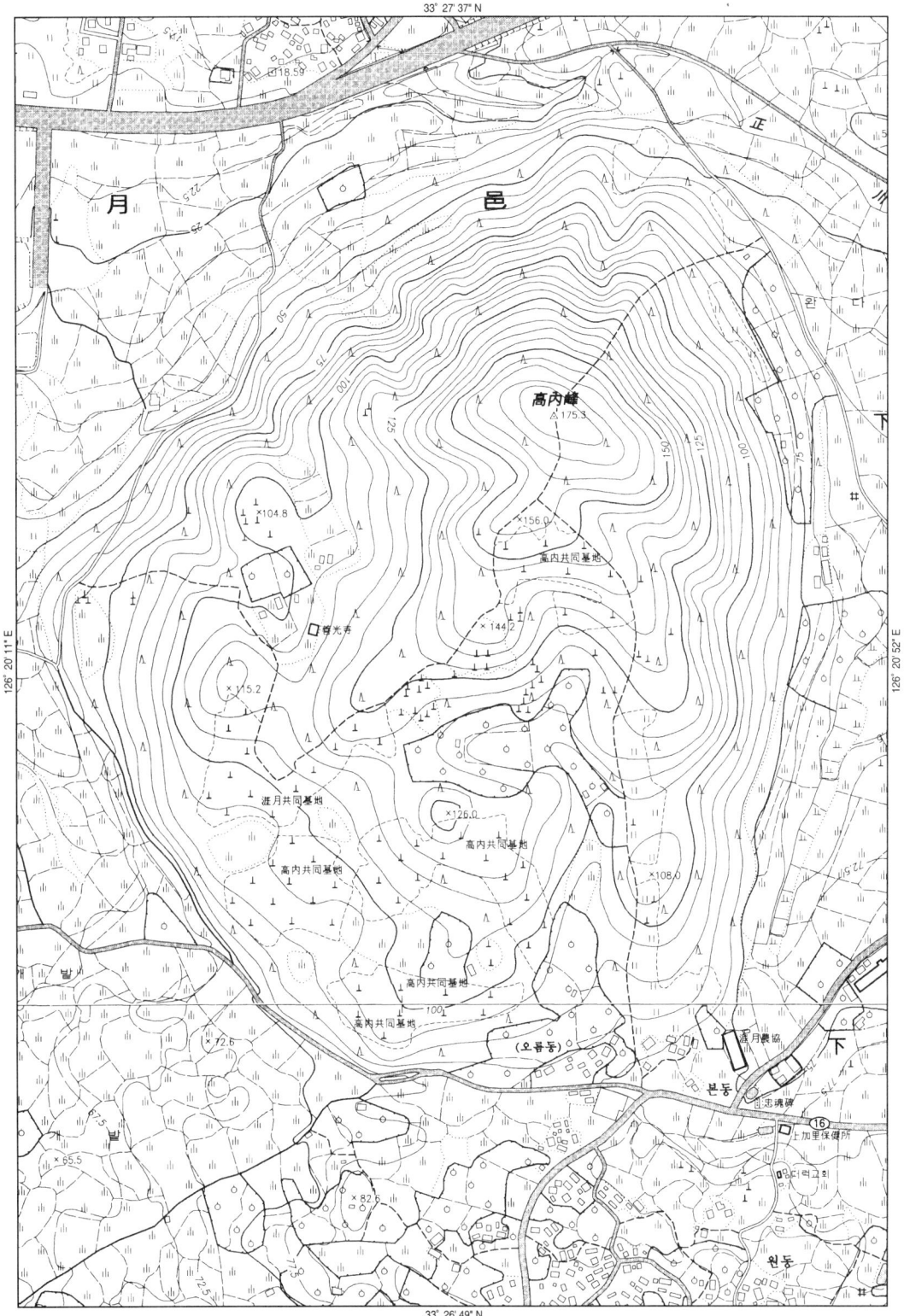

32 절물오름 북서쪽 1km에 있는 거친오름
| 도엽명 제주 085, 086 | 높이 618.5m |

거친오름(618.5)은 제주시 봉개동을 통과하는 잘 다듬어진 지방도로 변에 자리잡고 있어 접근성이 매우 좋다. 수리적 위치는 33°26′20″~48″N, 126°37′00″~33″E이다. 동서의 너비는 850m, 남북의 길이는 800m이고 비고는 78m이다.

거친오름의 지표 지질은 거친오름현무암질분석구로 분석구 북동쪽으로 거친오름현무암이 흘렀고 오름 남쪽으로는 개월오름현무암이 덮고 있다.

거친오름은 거의 둥근 모양을 이루고 있으나 용암의 유출 과정에서 화산체 북쪽으로 곡지를 만들고 곡지 양쪽으로 능선을 이루며 용암이 유출된 것으로 생각된다. 좌측 능선을 이루는 594.5고지와 587.6고지를 중심으로 한 분화와 분연은 좌측 능선을 중심으로 용암과 화산재를 밀어 올려 좌측 능선을 만들었다. 주봉인 거친오름 618.5고지를 중심으로 한 분연과 분화는 우측 능선을 중심으로 용암과 화산재를 밀어 올렸고 자연스럽게 동서 능선 사이에 곡지를 만들었는데 여름철의 남풍도 한몫 관여한 것으로 추리된다.

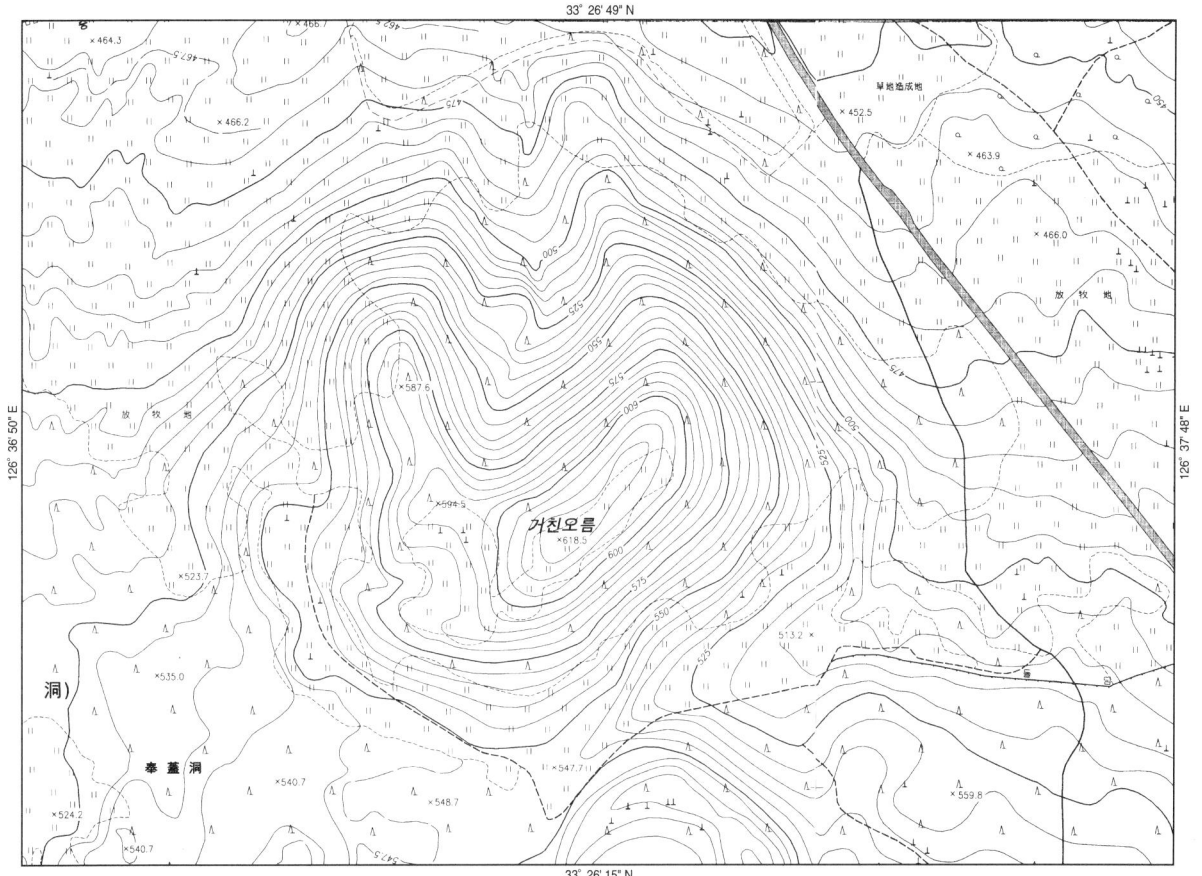

33 등산로와 주차장이 잘 다듬어진 절물오름

| 도엽명 제주 086 | 높이 696.9m |

절물오름은 제주시 용강동에 있는 약수암 남쪽에 자리잡은 오름이다. 주봉인 696.9고지를 시작으로 반시계 방향으로 690.2고지, 656.9고지, 690.9고지 등의 외륜산이 있으며 이들 외륜산 한 가운데 표고 638.2m의 분화구가 있다. 그리고 외륜산의 가장 낮은 곳인 656.9고지의 동쪽 450m에 656.7고지가 있는 쌍두 화산체이다. 또한 이들 쌍두 화산체 사이에 619.0와지를 비롯하여 652.4고지, 611.8와지 등 2개의 부속된 분화구와 작은 기생화산체가 70~100m의 거리를 두고 남북으로 배열되어 있는 특이한 구조의 화산체이다.

제주도에서는 서쪽의 696.9고지를 큰대나오름, 동쪽의 656.7고지를 작은대나오름으로 불러 왔는데 1:5000 지형도에서는 이들 오름의 이름을 기재하지 않고 무명의 오름으로 처리하였다.

오름의 이름이 된 약수와 암자가 있다. 샘물은 사철 마르지 않으며 물이 귀한 제주도에서는 이색적인 풍경이 되기도 한다.

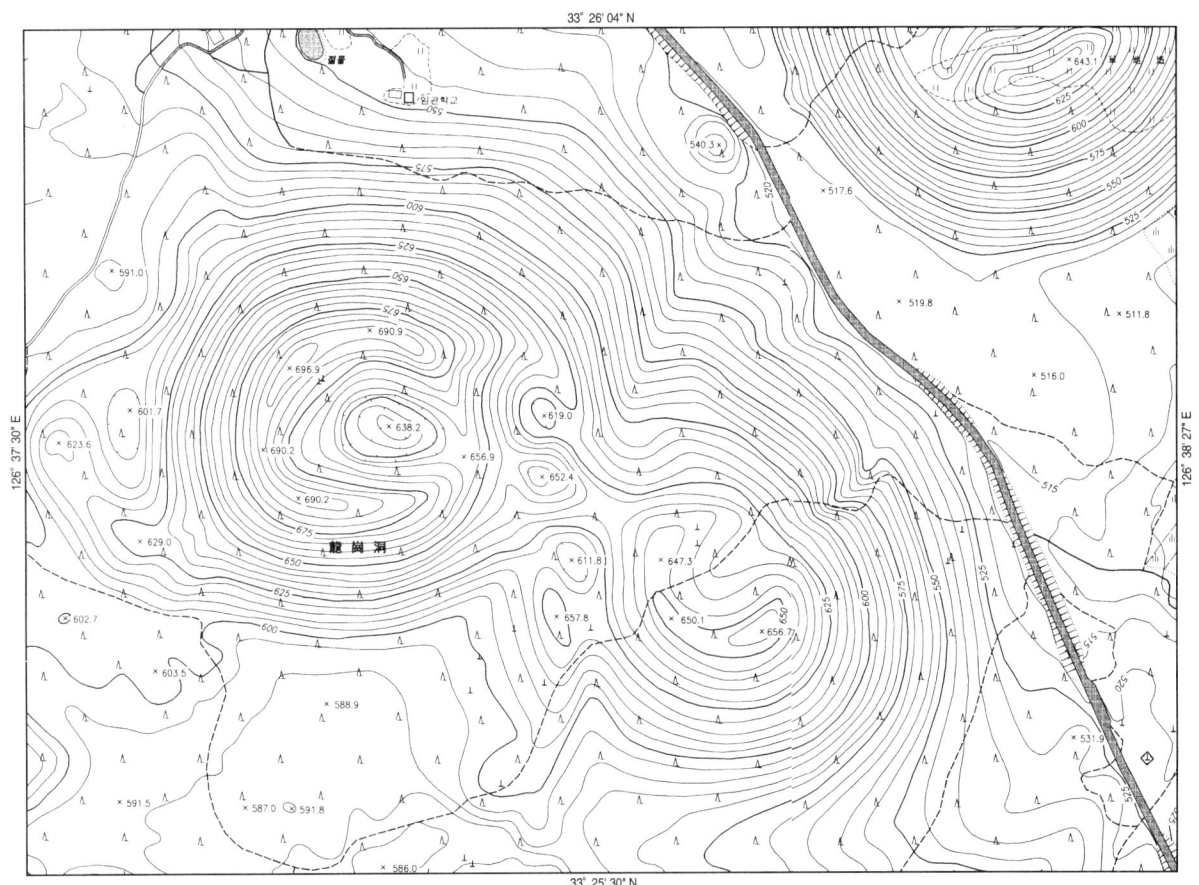

절물오름 관리사무소와 잘 정리된 주차장 옆의 안내판. 절물오름은 노약자의 등반을 위한 편의시설 등을 두루 갖추고 있을 뿐만 아니라 분화구 외륜의 주봉에도 전망대가 설치되어 있다.

화산체의 수리적 위치는 33°25′32″~26′01″N, 126°37′29″~38′18″E로 동서의 너비 1,300m, 남북의 길이 900m이다. 비고는 696.9고지가 97m이고 656.7고지는 57m이다. 이들 쌍두 화산체는 서로 다른 화산 활동으로 생성되었고 두 화산체가 연합하는 과정에서 경계부에서 다시 후화산 작용이 발생하여 2기의 소분화구와 2기의 작은 분석구를 형성하였다. 오름의 지표 지질은 와산리현무암질분석구이며 오름 북서쪽에는 개월오름현무암, 오름의 북쪽은 대흘리현무암, 오름의 남쪽에는 와산리현무암이 덮고 있다.

절물오름개발주식회사는 약수암 동쪽으로 잘 정리된 주차장과 관리사무소를 설치하고 절물오름 등반로를 개설하여 노약자를 비롯한 관광객에게 편의를 제공하고 있다. 뿐만 아니라 절물오름 정상인 696.9고지에는 전망대를 설치하여 한라산을 비롯한 부근 일대의 모든 기생화산들을 관찰할 수 있도록 세심한 배려를 하였다.

34 방패를 엎어 놓은 것 같은 모슬봉

| 도엽명 모슬 064, 065 | 높이 180.5m |

　남제주군 대정읍 상모리·하모리·동일리·보성리에 걸쳐 있는 모슬봉은 대정고등학교의 배후산지로 자리 잡고 있으며 산체의 모양새는 아스피톨로이데(Aspitholoide)형으로 우아한 자태를 보여 준다.

　모슬봉의 수리적 위치를 50m 등고선을 기준으로 산정하여 보면 33°13′48″~14′42″N, 126°15′10″~16′07″E로 동서의 너비 1,475m, 남북의 길이 1,700m에 비고는 130m이다.

　모슬봉의 정상 180.5고지를 기준으로 장축인 남북 축은 1,600m, 단축인 동서 축은 1,500m이며, 이를 다시 정상에서 살펴보면 북쪽 사면이 가장 길고 남쪽 사면이 가장 짧다. 가장 긴 북쪽 사면의 길이는 1,000m로 가장 짧은 남쪽 사면의 길이 600m에 대해 거의 2배에 가까우며 서쪽 사

산방산 중턱에서 바라본 모슬봉의 우아한 모습으로 순상화산처럼 보인다. 모슬봉은 대정고등학교의 배후산지를 이루며 공동묘지로 개발되었다.

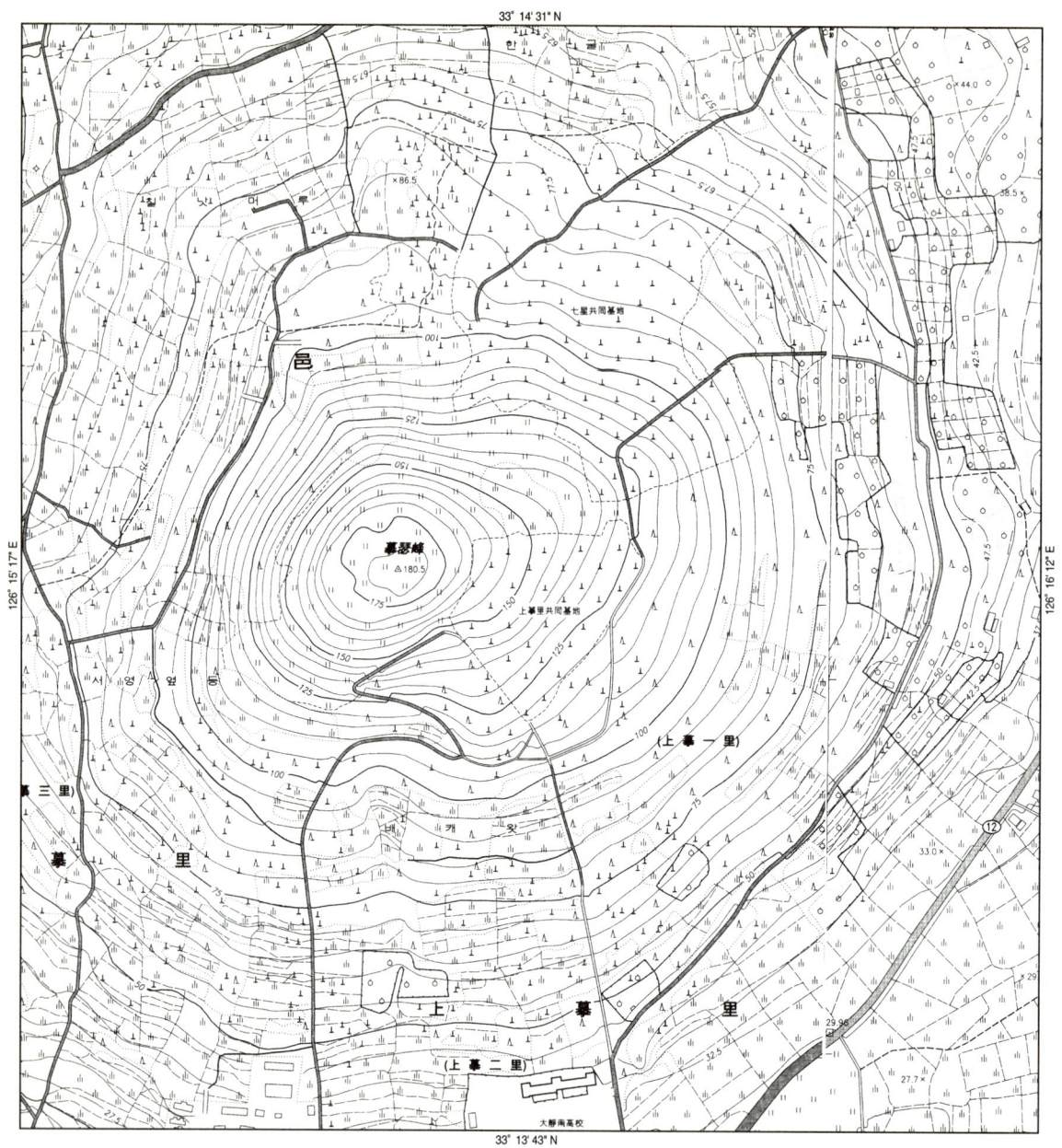

면은 700m, 동쪽 사면은 800m이다. 이를 분석하여 보면 다음과 같은 결론이 나온다. 모슬봉의 분출 시기는 남서풍이 탁월한 여름철로 용암의 분출 및 분연이 간헐적으로 이루어졌으며 화산재가 북쪽과 동쪽으로 비산 퇴적된 것으로 생각된다.

한국자원연구소가 2000년에 발행한 모슬포 한림 도폭 23쪽에 의하면 다음과 같이 기술되어 있다. "모슬봉은 완만한 경사를 지니고 있고 모슬봉 중간 지점에서 실시한 시추공에서 암재(scoria)층이 포착되지 않는 것으로 보아 용암을 연속적으로 분출하여 산체를 형성한 것으로 해석된다." 이는 순상화산의 가능성을 시사하는 대목으로 광해악현무암이 모슬봉을 비롯한 이 일대의 넓은 지역을 덮고 있는 것으로도 설명이 가능하다.

모슬봉은 남동사면과 북동사면이 각기 상모리공동묘지와 칠성공동묘지로 개발되었기 때문에 150m 등고선까지 도로망이 개설되어 있다. 따라서 산정에 이르기는 쉬우나 외관상 인상은 그리 좋지 않다.

35 물영아리로 불리는 수령산
| 도엽명 표선 011, 012 | 높이 508.0m |

　수령산(물영아리산, 508)은 남제주군 남원읍 수망리에 자리잡은 아담한 화산체로 머리에는 화구호를 이고 있다. 수령산(水靈山)의 수리적 위치는 33°21′40″~22′13″N, 126°41′47″~42′10″E로 동서의 넓이 1,400m, 남북의 길이 1,050m의 중형 화산체이다.

　수령산 508고지를 주봉으로 서쪽 270m에 454.0고지와, 동쪽 510m와 630m 지점에 426.3고지와 424.6고지가 있다. 이밖에도 주봉 북동쪽 220m 지점에 있는 496.2고지 사이의 능선은 반달 모양으로 동쪽을 향해 만곡되며 480.6 안부 사이에 큰 분화구가 있다.

　분화구는 동서의 너비 200m, 남북의 길이 210m이고 화구호의 직경은 70m, 화구호의 비심은 13.6m이며 호면의 높이는 계절에 따라 5m 내외로 증감된다. 1997년 제주도가 발행한 『제주의 오름』에는 화구호의 깊이를 40m로 기재하고 있으나 사면의 이동 등을 고려할 때 직경 70m의 화구호는 그런 깊이를 가질 수 없는 것으로 생각된다.

　초기 용암의 유출은 남쪽으로 이루어졌고 후기에는 동쪽으로 유출되었다. 다시 후화산 작용으로 자화산을 생성하는데 서쪽의 물영아리산 454.0고지를 중심으로 이루어졌다. 뒤이어 화산체 서부의 420.9고지, 420.7고지, 425.0고지와 북부의 416.6고지에 이르고 최종적으로 동부의 426.3고지, 424.6고지, 427.5고지로 마무리하며 지하수와 연관된 수증기 폭발을 유발하게 하였다. 수증기 폭발로 잘게 분쇄된 용암의 파편들은 진흙과 함께 불투수층을 만들어 화구호를 생성한 것으로 추리된다.

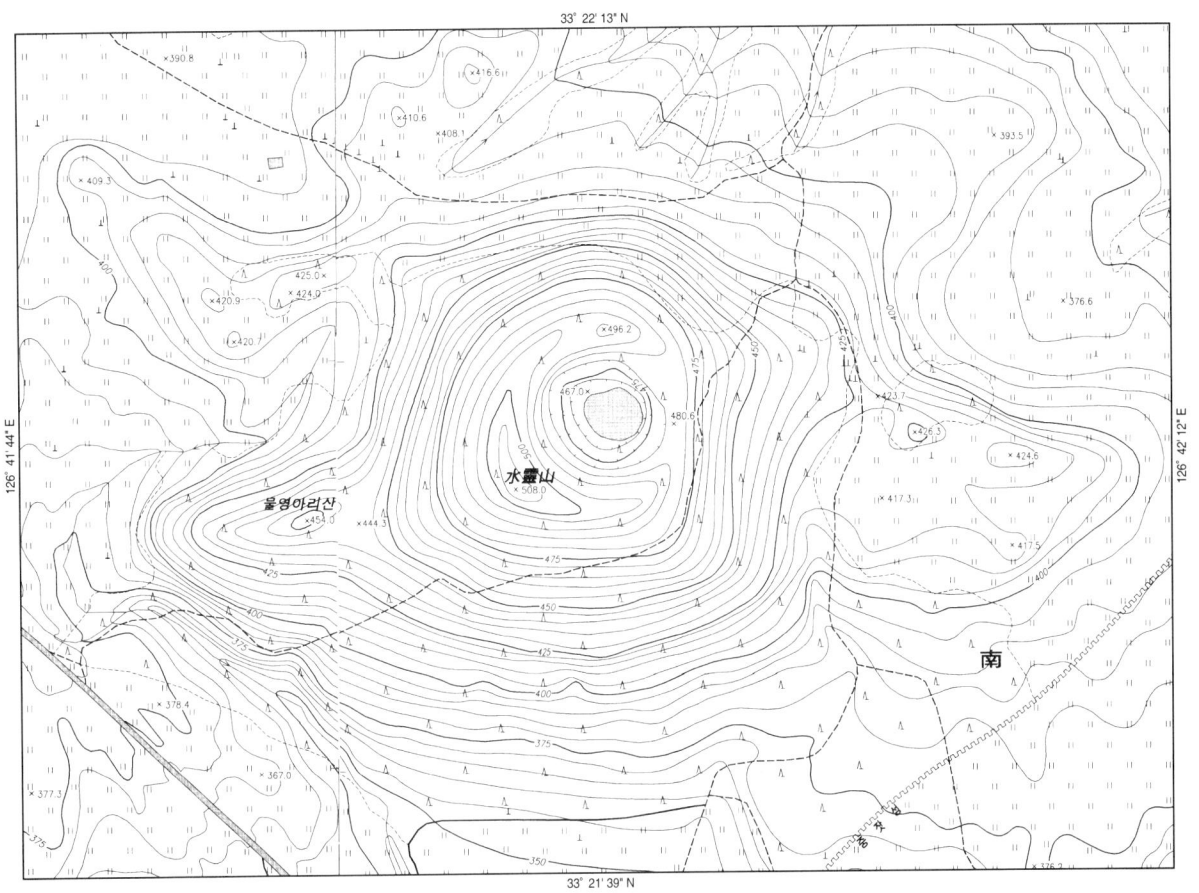

36 백록담 크기의 화구호를 가진 사라오름
| 도엽명 서귀 017 | 높이 1,324.7m |

북제주군 조천읍 교래리와 남제주군 남원읍 신예리 경계 지대에 입지한 사라오름은 백록담 동쪽 3.7km인 1,300m 등고선 안에 자리잡은 오름으로 그 규모를 가늠하기가 매우 어렵다.

사라오름(沙羅岳, 1324.7)의 수리적 위치는 기준을 설정할 수 없으므로 화구호 중심 교선의 수리적 위치만을 기록하면 33°22′03″N, 126°34′21″E이다. 사라 화구호 북쪽의 사라오름 1,324.7 고지를 기준으로 시계 방향으로 화구륜을 돌면 화산체 동쪽의 1,308.0안부를 지나 1,323.2고지, 화산체 남쪽의 1,315.7안부와 1,323.0고지 1,317.0고지와 서쪽 1,305.3안부에서 출발점으로 되돌아간다.

사라호는 백록담에서 가장 가까운 곳에 위치한 화구호이며, 한라산의 후화산 작용으로 강력한 폭발을 일으키며 화산 포출물이 화구호 주변에 쌓여 외륜산을 만든 것으로 추리된다. 사라호의 직경은 100m로 완벽한 둥근 화구호이며 분화구의 직경 또한 250m의 원을 이루는 작은 화산체를 이루고 있으나 독자적인 용암의 유출은 없었던 것으로 보인다.

부근 일대의 지표 지질이 사라오름 서쪽 지역은 백록담조면현무암으로, 사라봉은 한라산조면암질분석구로, 사라봉 남동쪽으로는 한라산조면암이 사라봉에서 유출된 것으로 기재된 것은 다소의 의문을 갖게 한다.

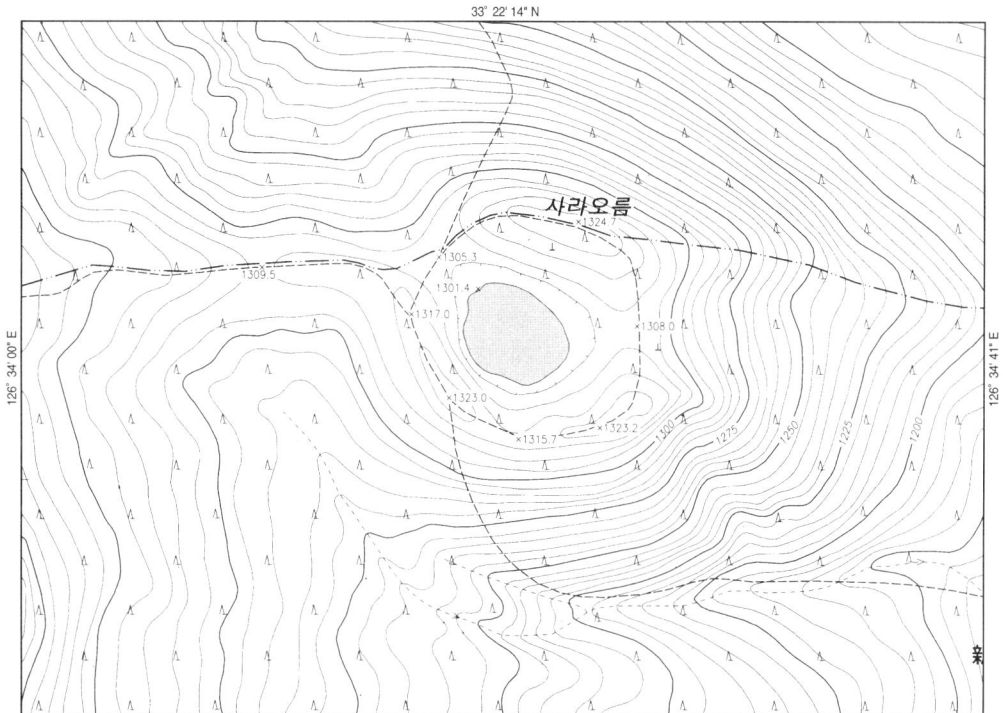

37 화산체가 비교적 큰 성널오름(성판악)

| 도엽명 서귀 017, 018 | 높이 1,215.2m |

　성판악(城板岳, 1215.2)은 북제주군 조천읍 교래리와 남제주군 남원읍 신예리 경계 지대에 입지한 오름으로 화산체의 규모가 비교적 크다. 하지만 동서가 비대칭적으로 발달한 오름으로 화산체의 수리적 위치를 정하기가 매우 어렵지만, 그 모양새로 보아 남북의 범위는 33°21′33″~22′31″N, 126°35′18″~37′33″E이다.

　화산체의 규모는 동서로 3,500m, 남북으로 2,660m이다. 주봉 1,215.2고지와 1,196.6고지 및 1,199.0고지 사이에 개석된 분화구 1,187와지가 있는데 이곳에서 많은 용암이 분출된 것으로 추리된다.

　성판악의 이름은 오름 정상에서 400~500m 지점의 동쪽 계곡 남사면의 갈파로운 곳과 이곳의 반대 사면인 동부 주능과 남부 주능 사이의 급사면이 마치 성벽과 같다는 데서 유래된 것 같다. 등산은 한라산동부횡단도로에서 물오름 북사면 계곡을 따라 한라산 등산길로 진입하면 오를 수 있으나 산체가 크고 가파라서 상당한 체력의 소모가 예상된다.

　성널오름은 성널오름조면현무암질분석구이고 오름의 서쪽에는 시오름조면현무암과 한라산조면암이 분포하고 오름의 동쪽에는 성널오름조면현무암이 분포하고 있다.

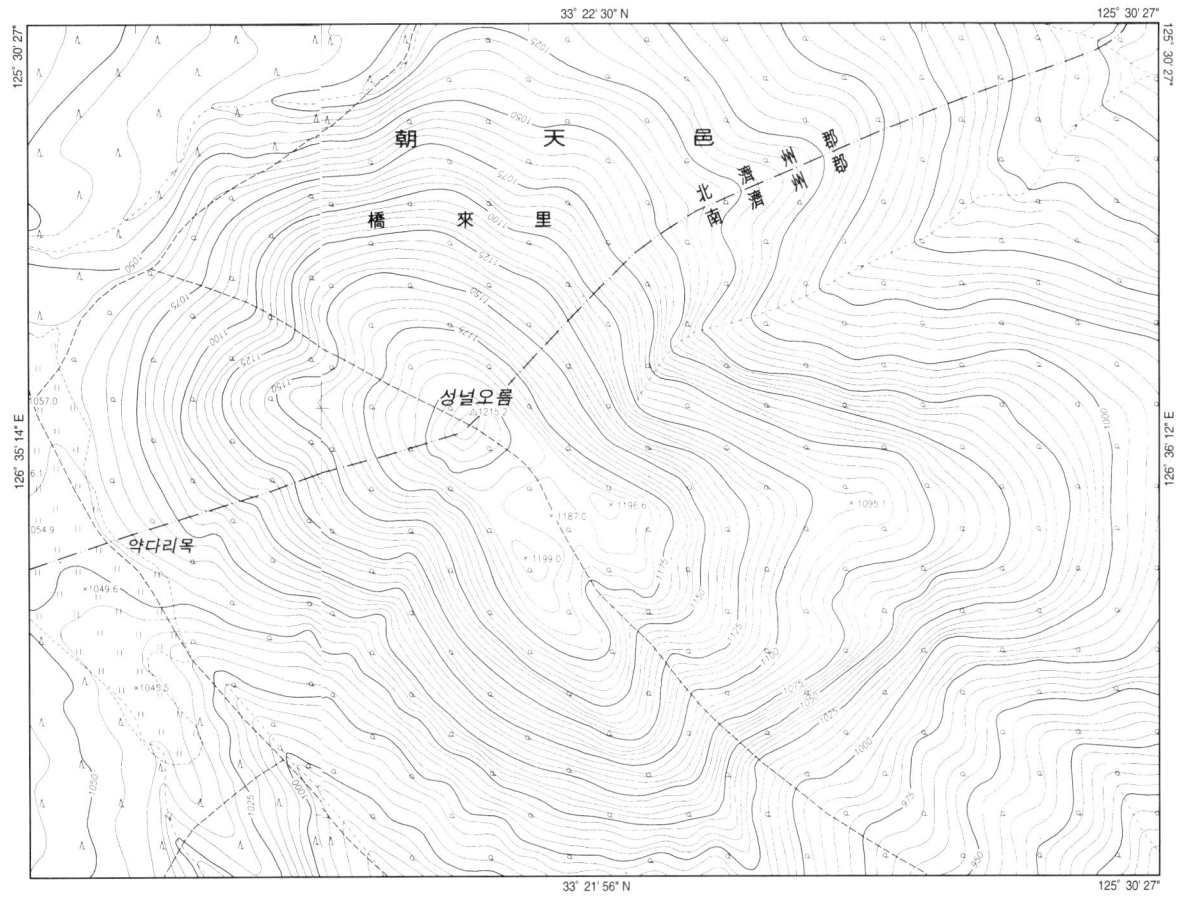

38 한라산동부횡단도로와 인접한 논고악

| 도엽명 서귀 018, 019 | 높이 843.0m |

　한라산동부횡단도로를 사이에 두고 서쪽의 남제주군 남원읍 신예리에는 논고악이, 동쪽 위미리에는 동수악이 자리를 잡고 있다. 논고악(論古岳, 843.0)의 수리적 위치는 33° 21′ 09″~31″N, 126° 36′ 35″~37′ 02″E로 동서의 너비 700m, 남북의 길이 650m인 작은 화산체이다.

　논고악은 주봉 843.0고지와 서봉 841.6고지, 남봉 842.5고지와 839.0고지가 있고, 동쪽 사면에 표고 790.0m인 분화구를 가지고 있다. 분화구의 비심은 10~36m이며 주봉에서의 비심은 53m에 이른다.

　논고악은 물장올조면현무암질분석구이고 오름 서쪽의 지표는 성널오름조면현무암이, 동쪽의 지표는 물장올조면현무암이 덮고 있다.

　논고악의 산체는 매우 우아하나 동수악에 비하여 오르기가 힘들지만 일단 등정을 마치면 한라산 동쪽 기슭에 전개되는 기생화산들이 눈아래 아름답게 산재된 모습을 조망하는 즐거움을 만끽할 수 있다.

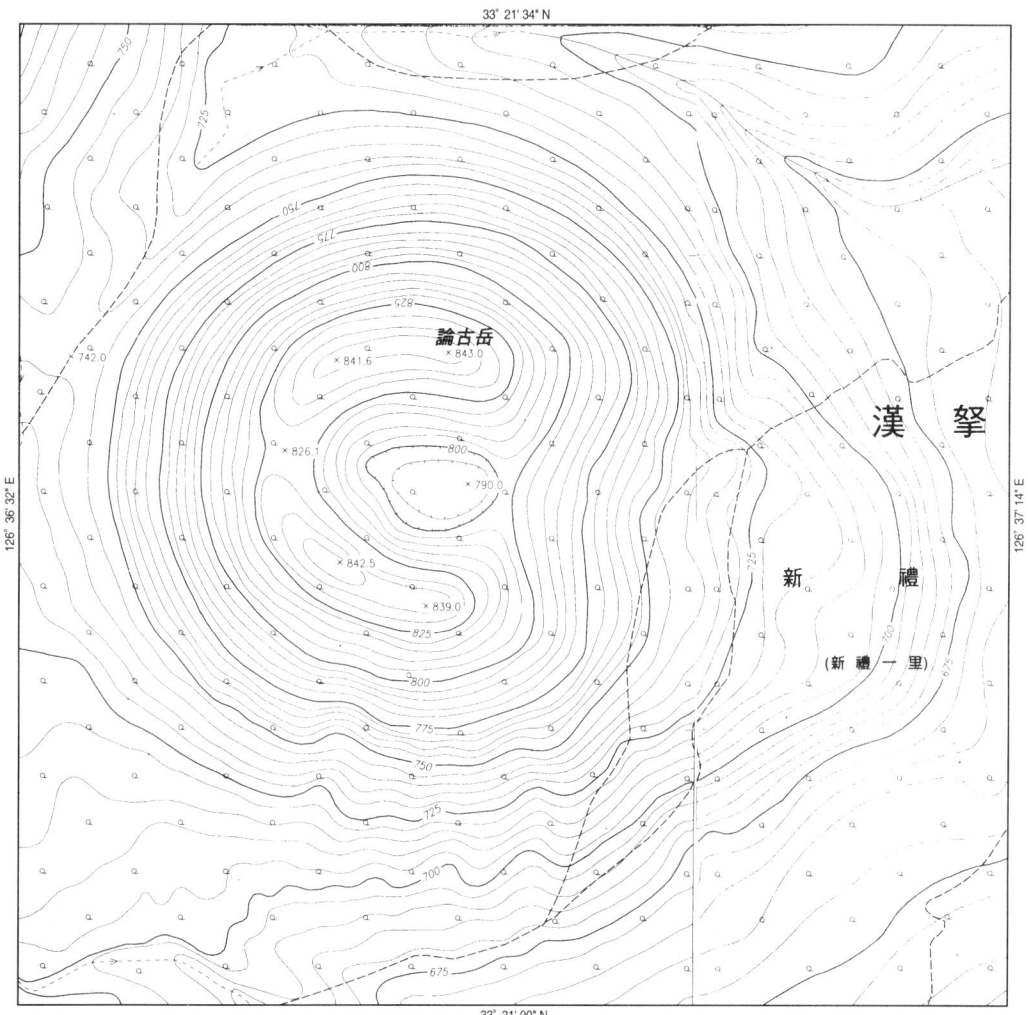

39 닥나무가 많다는 저지오름(닥물오름)

| 도엽명 모슬포 024 | 높이 239.3m |

　북제주군 한경면 저지리에 자리잡은 닥물오름은 한지를 만드는 닥나무에서 그 이름이 왔다. 저지리 저지악에 쓰여진 '楮' 자가 '닥나무 저' 자이기 때문이다. 2006년 봄을 기하여 한경면사무소에서는 진입로 공사를 실시하여 오름을 한 바퀴 돌 수 있는 안전 통로를 만들었다. 그러나 숲이 우거져 화구저를 살필 수 없는 단점이 있다.

　저지오름(239.3)의 수리적 위치는 33°19′38″~58″N, 126°14′58″~15′23″E이다. 동서의 너비와 남북의 길이가 600m인 거의 동심원의 등고선이 발달하였으나 7부 능선이 잘려 나간 삿갓 모양의 화산체이다. 정상에는 완벽한 등심원을 가진 깔때기형 분화구를 가지고 있는데 화구저의 표고는 167m, 주봉인 239.3고지에서 시계 방향으로 동쪽 안부 219.7, 남쪽 봉우리 230.2고지, 서쪽 안부 214.9를 동심원 상에 두고 있다. 분화구의 직경은 300m, 비심은 48~72.3m이며, 화산

닥물오름의 원석 간판. 오름은 창호지 만드는 닥나무가 많다는 데서 유래된 이름으로 저지오름으로도 불린다.

저지오름의 화구륜 상에서 발견한 분기공으로 매우 희귀한 예이다. 화구 바닥에서는 간혹 발견되지만 화구륜 상에서는 저지오름이 처음이다.

체의 특징은 분화구 중심에서 남서방 400m에 129.5와지인 측화구를 가지고 있을 뿐만 아니라 외륜산에도 분기공이 관찰된다.

이 밖에도 저지오름의 새끼 화산체로 인식되는 이계오름(167.7), 현장이동산(142.0), 일체동산(136.1), 마오름(122.0) 등이 있는데 아마도 저지 후화산 작용으로 생성된 것으로 생각된다.

저지오름 일대의 지표 지질을 살펴보면 저지오름은 병악현무암질조면안산암분석구이고 분석구 주변은 병악현무암질안산암이 지표를 덮고 있다.

40 산록에 기도원이 자리 잡은 바늘오름(바농오름)

| 도엽명 제주 077, 087 | 높이 552.1m |

　바늘오름(針岳, 552.1)은 북제주군 조천면 교래리에 입지하며, 1118번 지방도인 조천읍~남원읍 간 도로가 기도원 동쪽 기슭을 남북으로 제주도를 관통하고 있어 접근성이 매우 좋다. 바늘오름 동쪽 산록에는 이기동선교기념기도원이 자리 잡고 있어 포장된 도로와 잘 정비된 주차장에 차를 세우고 잘 육성된 삼나무 숲을 통하여 바늘오름으로 등반할 수 있다. 부근 일대는 고원성 초원으로 현대적 시설을 갖춘 목장 지대이다.

　바늘오름의 수리적 위치는 33°26′54″~27′18″N, 126°39′00″~33″E로 동서의 너비 860m, 남북의 길이 770m의 둥글고 아름다운 오름이며 비고는 112m이다. 오름의 지표 지질은 대흘리현무암질암재구이며 분석구 주변은 대흘리현무암으로 덮여 있다.

　진입로인 오름의 동사면은 대흘리현무암질암재구로 지면이 견고하지 않아 오르기가 매우 불편하다. 1m을 오르고 2m을 미끄러져 내려올 만큼 사면은 불안정하다. 비가 올 때마다 토양 침식도 심하며 급사면 상의 무수한 세곡과 두부침식(頭部侵蝕)에 의한 우학(雨壑) 및 암설들은 등산에 큰 불편을 준다. 그러나 일단 정상에 오르면 분화구 일대는 비심이 적은 20m 내외의 고원성 초원을 이루어 우마의 방목장으로 매우 적합하다.

　바늘오름의 남동 방향으로 1.2km 거리의 1118번 도로 변에 반달 모양의 능서리오름이 있고 이곳에서 1km 남쪽에 돔배오름이 있다. 능서리오름 남쪽 기슭에서 900m 거리에 1118번과 1112번 지방도로와의 교차점에서 500m를 서진하면 돔베오름에 이르는데 이곳이 바로 가나안기도원이다.

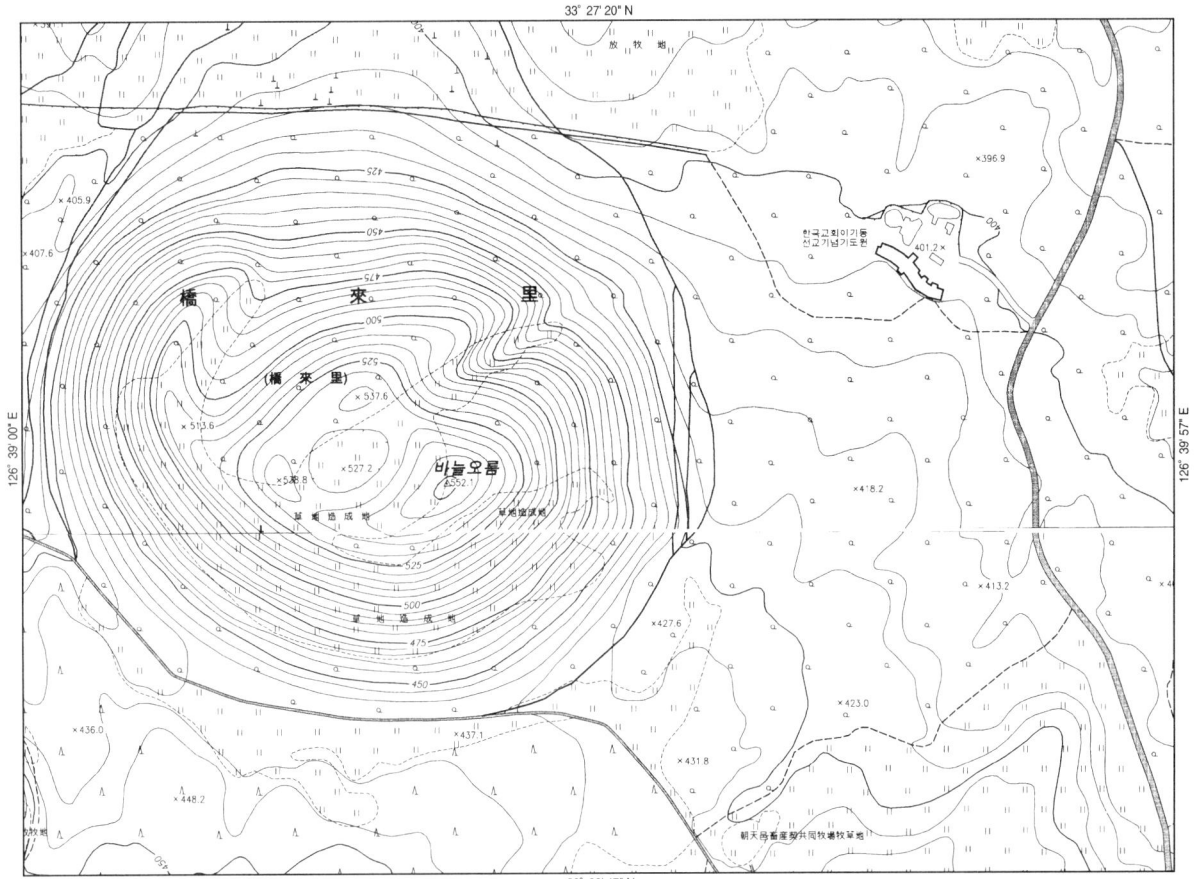

41 체오름과 2.5km 길이의 체오름 구조대

| 도엽명 제주 080, 성산 071 | 높이 381.4m |

    체오름은 북제주군 구좌읍 송당리에 자리잡은 오름으로 부근 일대에는 안돌오름, 박돌오름, 거친오름, 사근이오름 등 많은 오름들이 무리를 이루고 있다. 키와 같이 생긴 체오름의 열린 방향으로는 체오름 구조대와 함께 많은 와지들을 가지고 있다.

    체오름의 수리적 위치는 33°27′25″~53″N, 126°44′51″~45′31″E로 동서의 너비 1,100m, 남북의 길이 1,100m이며 불규칙한 모양새를 하고 있다. 총 연장 2.5km의 구조대와 와지열이 딸려 있으며 'ㄷ'자의 개활부 안쪽에는 깊은 분화구가 있는 이색적인 화산체이다.

    화산체는 최고봉 382.1고지를 주봉으로 반시계 방향으로 376.5고지, 376.8고지, 373.4고지, 381.4고지 등이 이어지고, 마치 물 푸는 가래나 곡식을 까부르는 키 또는 퇴비를 운반하는 삼태기처럼 개활부를 북동쪽에 두고 있다. 여기에서부터 277.8분화구를 가운데 두고 300.8고지, 310.2고지, 300.7고지 등이 외륜을 구성하고 있는데, 310.2고지는 중앙화구구로서의 기능도 가지고 있다.

    소위 구조대로 이름 붙인 분화구 북동 방향은 함몰대이다. 278.8와지, 278.6와지, 271.1와지, 266.5와지, 264.3와지, 263.3와지, 259.2와지, 256.1와지, 248.8와지, 235.5와지, 234.8와지, 228.0와지, 226.8와지, 219.3와지, 219.8와지, 217.3와지 등은 체오름의 구조운동에 따른 후화산 작용으로 생성된 함몰대로 추정된다.

    체오름은 선흘리현무암질분석구이고 주변 지역은 부대악암설사태층(Budeak avalanche deposits)으로 화산 작용과 함께 암설사태를 일으킨 것으로 믿어진다. 암설사태(岩屑沙汰)를 일본에서는 산 쓰나미(山津波)라고 부르는데 일반적으로 화산 활동과 더불어 발생하는 현상으로 막대한 피해 사항들이 보고되어 있다. 체오름 구조대는 암설사태와 더불어 발생한 후화산 작용으로 함몰대와 병행된 융기대를 생성한 것으로 생각된다.

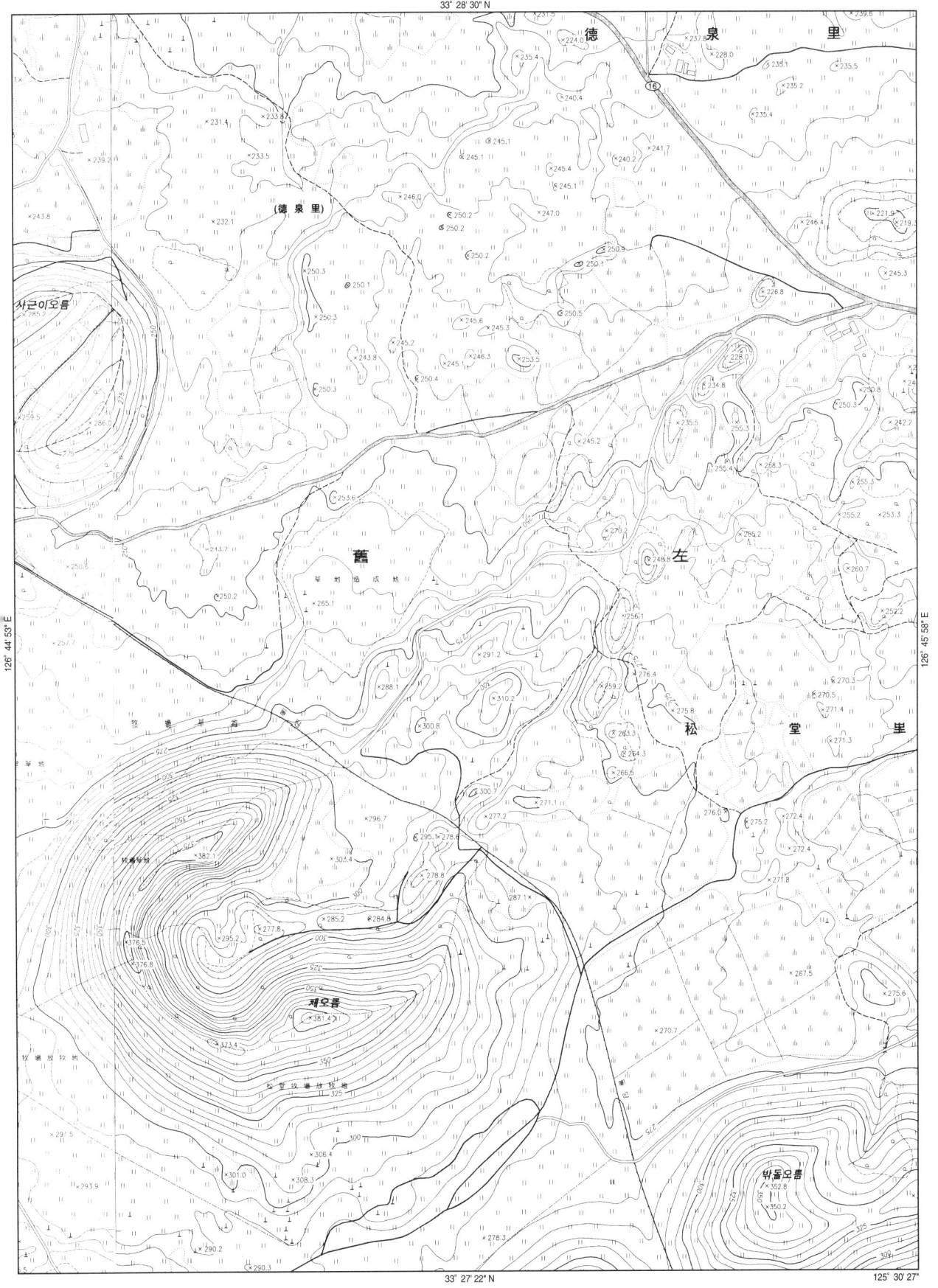

42 남북 봉우리 사이에 큰 분화구를 가진 발이오름

| 도엽명 모슬 009, 010, 019, 020 | 높이 763.4m |

    발이오름은 북제주군 애월읍 소길리와 어음리에 걸쳐 있는 오름으로 주봉인 남봉(763.4)과 북봉(722.7) 사이에 분화구가 있고, 화구 바닥의 표고는 685m이다. 화산체는 모슬포 도폭 009, 010, 019, 020 등 4개 도폭의 접합점 중심부에 입지하여 도상 관찰이 매우 불편하여 연구상 장애 요인이었다.

    화산체의 주봉 763.4고지는 분화구의 남쪽에 있고 서쪽 안부의 표고는 710.4m이고 북봉 722.7고지를 지나면 동쪽 안부 712.8m와 연결하는 화구륜 내의 711.2와지가 분화구이다. 분화구 동서의 너비는 200m이고 남북의 길이는 260m이며 비심은 26.2~78.4m이다. 분화구는 화산체에 비해 왜소하다.

    발이오름(發伊岳, 763.4)의 수리적 위치는 33°22′10″~45″N, 126°23′04″~43″E로 동서의 너비 1,020m, 남북의 길이 1,200m의 화산체이며 2개의 부속 화산체를 가지고 있다. 새끼 화산체는 북봉인 722.7고지의 북서쪽 300m에 있는 606.0고지와 동쪽 400m에 있는 622.0고지이다.

    신판 1:25,000 지형도 상에는 발이오름을(큰발이메)로, 인접한 726 무명고지를 족은바리메('족은'은 제주 방언으로 '작은'을 뜻함)로 기재하고 있다.

    부근 일대의 지표 지질을 살펴보면 발이오름은 광해악현무암질분석구이고, 오름 서쪽과 북동쪽은 부면동조면현무암이며, 족은바리메는 부면동조면현무암질분석구이다. 오름 남부는 법정동조면현무암으로 덮여 있다.

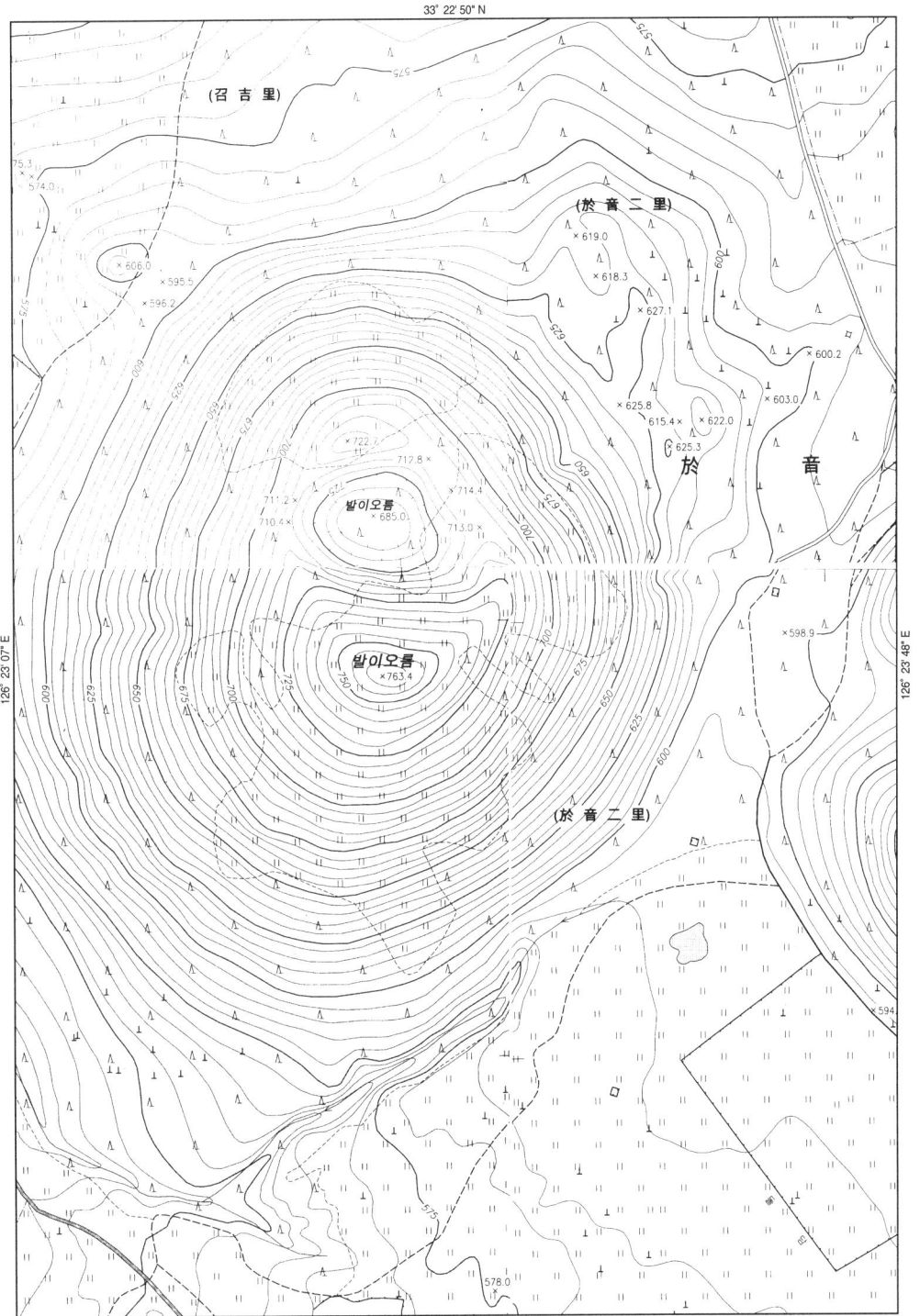

43 왕이매(메)와 작은 왕이매(메)

| 도엽명 모슬포 029 | 높이 612.4m |

1:5,000 지형도에는 왕이매(臥伊岳), 2003년에 새로 발행한 1:25,000 지형도에는 왕이메로 기록되어 있다. 오름은 남·북제주군의 경계인 남제주군 안덕면 광평리에 자리하고 있다. 수리적 위치는 33°20′09″~33″N, 126°22′25″~58″E로 동서의 너비 900m, 남북의 길이 1,000m, 비고 47m의 변두리가 복잡한 형태의 화산체이다.

왕이매 분화구를 중심으로 주봉인 화구 북동쪽의 612.4고지를 기준으로 시계 방향으로 돌면 다음과 같은 고지와 안부를 연결하는 화구륜을 이룬다. 즉 580.7안부, 591고지, 594.2고지, 609.0고지, 607.8고지, 604.0고지, 596.2고지, 593.7고지, 597.7고지, 570.0안부, 576.0고지, 556.2안부, 602.0고지 등이 하나의 외륜산을 이루며 2개의 큰 분화구를 가지고 있다. 왕이매 화구 바닥의 표고는 511.0m이고, 가장 낮은 안부에서의 비심도 45.2m에 이르는 동심원의 깔때기형 분화구를 가지고 있다. 분화구의 동서 너비는 350m, 남북의 길이는 350m이다.

왕이매 분화구의 최심부를 기점으로 동쪽 300m 거리에 170m의 너비를 가진 왕이매 제2분화구가 있는데 이것 또한 외륜산에 둘러싸여 있다. 612.4고지를 중심으로 우회전하면 585.3고지, 591.0고지, 603.7고지, 594.2고지, 609.0고지, 588.0안부, 607.8고지 585.5안부에 이르는데 이 외륜 속에 제2분화구인 577.3와지가 있으며 비심은 8.2m의 접시형이다.

특기할 바는 왕이매 새끼 오름인데 완전히 독립된 하나의 화산체이다. 수리적 위치가 33°20′ 05″~17″N, 126°22′07″~22″E이고 동서 너비 350m, 남북 길이 400m의 작은 화산체이다. 558.7 고지를 주봉으로 542.9고지, 546.0고지에 둘러싸인 작은 분화구를 가지고 있는데 분화구 바닥의 표고가 528.8m이고 비심은 14.1m이다. 이 화구의 북쪽에도 후화산 작용에 의한 와지군이 있다.

왕이매 분석구는 왕이매조면현무암질분석구이다. 분석구 서쪽으로는 왕이매조면질현무암이, 분석구 동쪽으로는 법정동조면질현무암이 덮고 있고, 북쪽은 광해악분석구인 폭나무오름이 경계하고 있다.

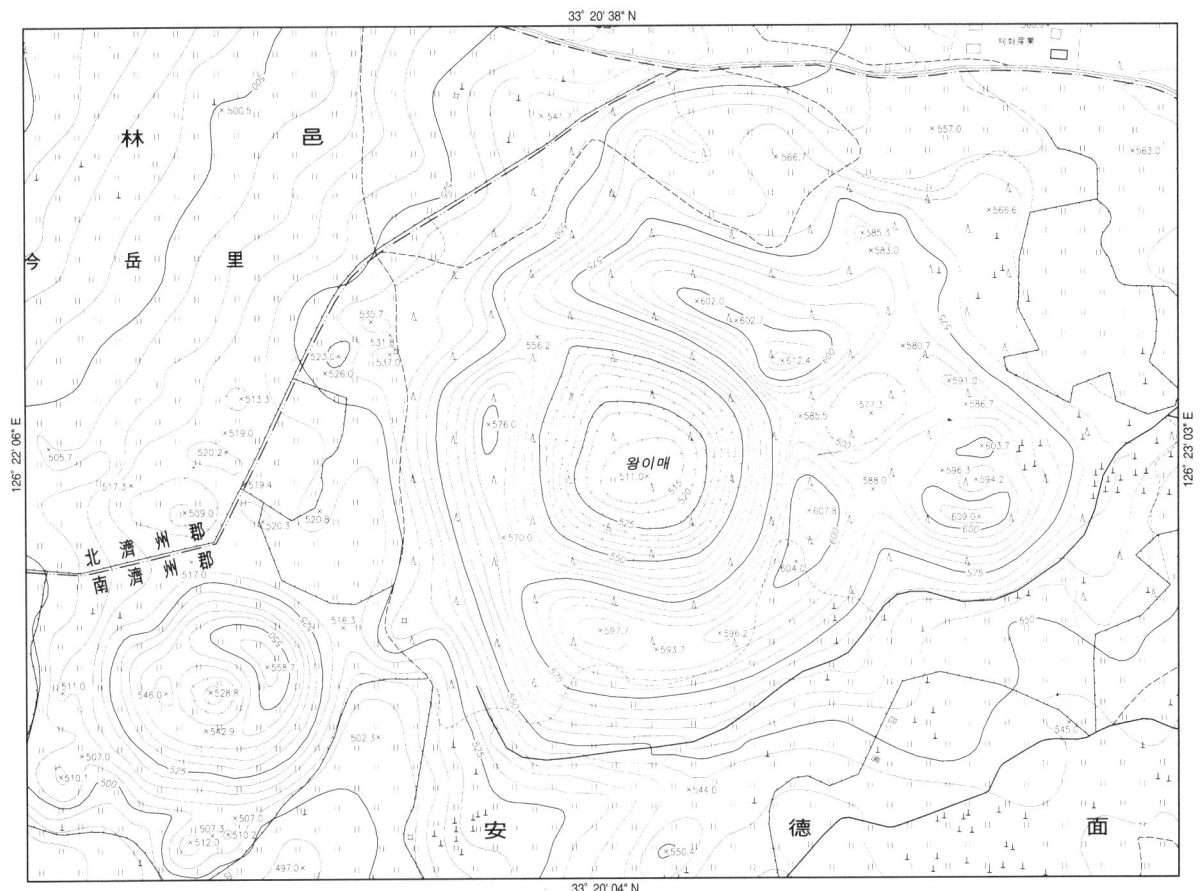

44 임금의 말을 사육했다는 어승생오름

| 도엽명 서귀 003, 004 | 높이 1,169.0m |

　어승생오름은 제주시 노형동 1100도로에서 어승생오름 남쪽으로 한라산국립공원 관리사무소까지 약 200m의 잘 포장된 진입로를 따라 쉽게 오를 수 있는 오름이다. 어승생(御乘生)은 산록에서 임금님이 타는 말을 사육한 데서 얻어진 이름이다.

　어승생오름의 정상에는 직경 30m 내외의 작은 화구호가 있으나 건기에는 통상 화구호 바닥에 건열을 드러낸다. 오름의 수리적 위치는 33°23′16″~24′39″N, 126°28′45″~30′00″E로 동서의 너비 1,950m, 남북의 길이 2,500m의 큰 화산체이다. 푸른쉼터에서의 비고는 217m에 불과하다. 푸른쉼터 앞의 계곡은 광령천으로 북제주군 애월읍 광령리와 시군계를 이루는 곳이기도 하다.

　화산체의 모양을 살펴보면 주봉인 어승생 1,169m(2005년판 25,000 지형도에는 표고가 1,172m로 3m가 추가됨)와 서쪽으로 흐르는 능선을 따라 1149.5고지, 1150.7고지, 1137.6고지, 1129.2고지가 이어지고 그 사이에 분화구가 있다.

　부근 일대의 지표 지질을 살펴보면, 화산체는 법정동조면현무암질분석구이고 주변은 법정동조면현무암으로 덮여 있는데 유독 화산체 북동부의 천왕사와 골머리오름은 한라산조면암으로 구성되어 있다.

御乗生

45 꾀꼬리오름으로 표기된 것꾸리오름

| 도엽명 제주 078 | 높이 428.3m |

　1967년 여름방학, 필자는 고 박노식 경희대 지형학 교수와 김녕사굴과 만장굴을 탐사하고 도보로 꾀꼬리오름과 산굼부리를 거쳐 개월오름 근처의 11번 국도에서 버스를 타고 제주시로 되돌아온 힘겨운 답사 기억이 있다. 40년이 지난 오늘날에는 무주공산이었던 동굴과 산굼부리에 주식회사가 설립되고 수많은 관광객이 내방하는 제주도 굴지의 관광명소로 변화되어 놀라지 않을 수 없었다.

　꾀꼬리오름은 북제주군 조천읍 교래리·선흘리 경계 지대의 대흘리에 입지하며 오름의 북쪽 기슭에 97번 지방도와 와산~하동 간 지방도가 오름의 동쪽 기슭을 통과하고 있어 교통이 매우 편리하다. 이 오름은 1:25,000 신판 지형도에는 것꾸리오름으로 표기되어 있는데 1:25000 지형도는 제주도민이 전통적으로 사용하던 오름명을 그대로 채용한 지도이다.

　꾀꼬리오름(428.3)은 규모는 작지만 그 모양새가 아담한 반달 모양의 화산체로 좌우 능선이 오름의 북서쪽에서 원을 이루며 그 내부에 옛 분화구가 있다. 오름의 수리적 위치는 33°27′24″~42″N, 126°40′37″~58″E로 동서의 너비 520m, 남북의 길이 520m의 거의 둥근 모양으로 틀을 잡고 있으나 오름의 북서부가 삼태기 모양으로 개방되어 있다. 이 삼태기 모양의 개활지가 옛날의 분화구이며 용암이 흘러나와 화산체를 형성하고 말기의 후화산 작용으로 마제형 분화구를 통하여 화산성 분출물을 밀어 올려 분석구가 만들어졌다.

　부근 일대의 지표 지질은 꾀꼬리오름 자체는 꾀꼬리오름현무암질분석구이고 개활부 바깥쪽은 산굼부리현무암으로 덮여 있고 그 외곽은 와산리현무암이 덮고 있다.

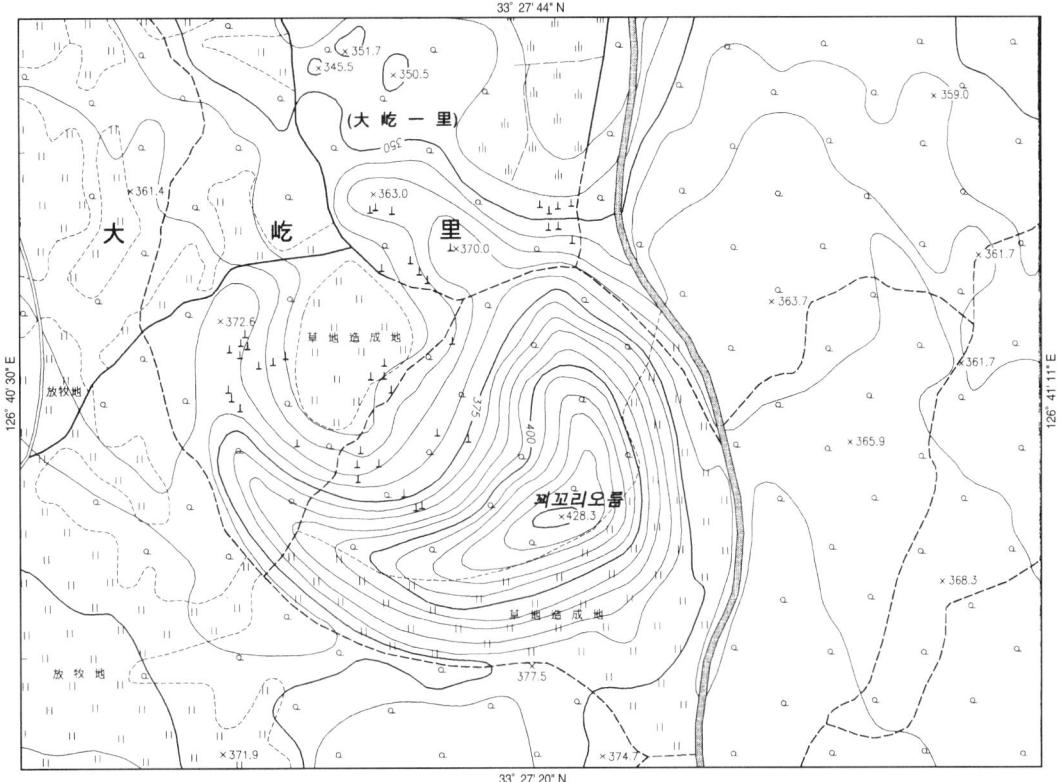

46 비포장도로 거문오름 입구의 붉은오름

| 도엽명 표선 001 | 높이 569.0m |

    붉은오름은 화산 활동 시 붉은 암재(scoria)가 다량 분출되어 온통 암갈색을 띠고 있는 데서 유래한 이름이다. 행정구역상 북제주군 조천읍 교래리와 남제주군 표선면 가시리 경계에 입지하며 분화구는 가시리 쪽에 있다. 1118번 지방도인 남조로가 오름의 동쪽 기슭을 통과하며 오름의 남쪽 기슭으로 검은오름으로 들어가는 비포장의 산림도로가 있다.

    붉은오름의 수리적 위치는 33° 23′ 25″~57″N, 126° 40′ 43″~41′ 11″E로 동서의 너비 750m, 남북의 길이 1,000m이다. 비고는 120m이며 화산체는 거의 둥근 형태를 나타내고 있다. 주봉인 569고지에서 시계 방향으로 546.5고지, 495.8안부, 515.2고지, 515.7고지, 518.2고지, 512.3안부와 연결되는 원 내에 동서 350m, 남북 400m의 큰 분화구가 있는데 비심은 14~87m이다.

    붉은오름 화산체는 주봉인 569.0고지를 중심으로 암장의 부푸름으로 돔형의 화산체를 형성하고 후화산 작용으로 482.0와지 중심의 폭발과 더불어 분석구를 형성하였다. 폭발로 인한 많은 암재와 그 이후에 화산재가 분출되었는데 아마도 강한 남동풍과 남풍이 불었던 것으로 추리된다. 지표는 물장올조면현무암에 둘러싸인 물장올조면현무암질분석구로 구성되어 있다.

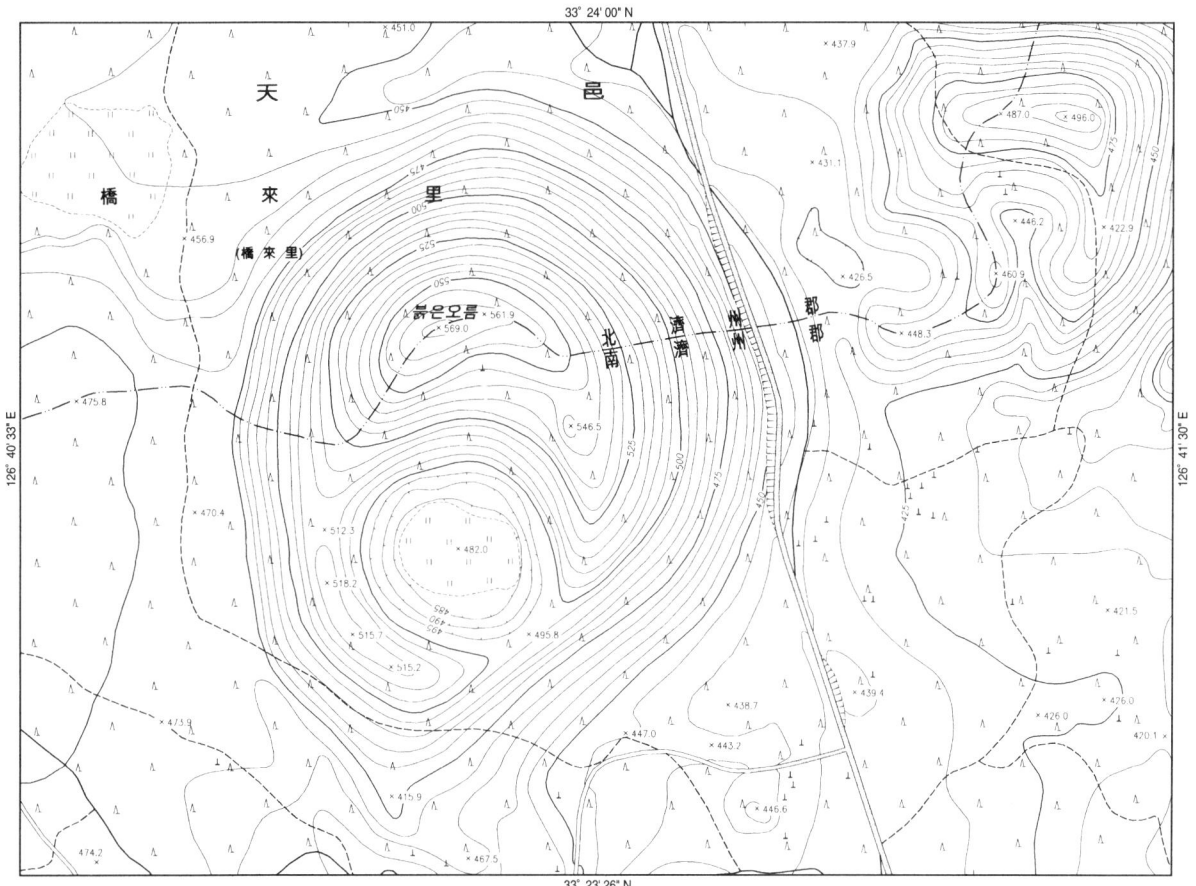

47 1:25,000 지형도에 물찻오름으로 기재된 거문오름

| 도엽명 서귀 010 | 높이 717.2m |

  2006년 2월 5일 산림 감시원의 안내를 받아 거문오름 진입을 시도하였으나 노상에 30cm 이상의 적설이 있어 고생 끝에 겨우 남사면 진입로에 이르렀다. 업친 데 덮친 격으로 차량이 눈 속에 빠지는 바람에 몇 시간을 허비하다 보니 짧은 겨울 해가 서산에 기울어 할 수 없이 서귀포시로 후퇴하고 말았다. 다음날 아침에는 강풍과 더불어 눈보라가 서귀포시에까지 불어닥쳐 거문오름 탐사는 일정을 미루었다가 다시 도전하였다.

  거문오름은 북제주군 조천읍 교래리와 남제주군 남원읍 수망리 및 표선면 가시리 등 행정구역상 매우 복잡하게 입지되어 있다. 이는 산림 감시는 물론이요 개발상에도 장애 요소가 되고 있다.

  거문오름(拒文岳, 717.2)의 수리적 위치는 33°23′16″~44″N, 126°38′52″~39′41″E로, 동서의 너비 1,300m, 남북의 길이 1,200m에 비고 114.4m의 중형 오름이다. 화산체는 화구 동쪽으로 714.3고지, 708.5고지, 717.2고지, 716.9고지, 710.2고지 등 반달 모양으로 서쪽을 향해 만곡되며, 그 가운데 직경 200m의 큰 분화구가 있는데 비심은 36m이다. 분화구는 통상 물을 담고 있어 화구호를 이루고 있는데 직경은 50~60m로 건기, 우기에 따라 호면의 크기에 변화가 있다. 서쪽 안부의 표고는 681.7m이며 이곳으로 진입하는 것이 가장 쉽다.

  지표 지질을 살펴보면 거문오름은 물장올현무암질분석구이며 주변의 넓은 지역은 물장올현무암으로 덮여 있다.

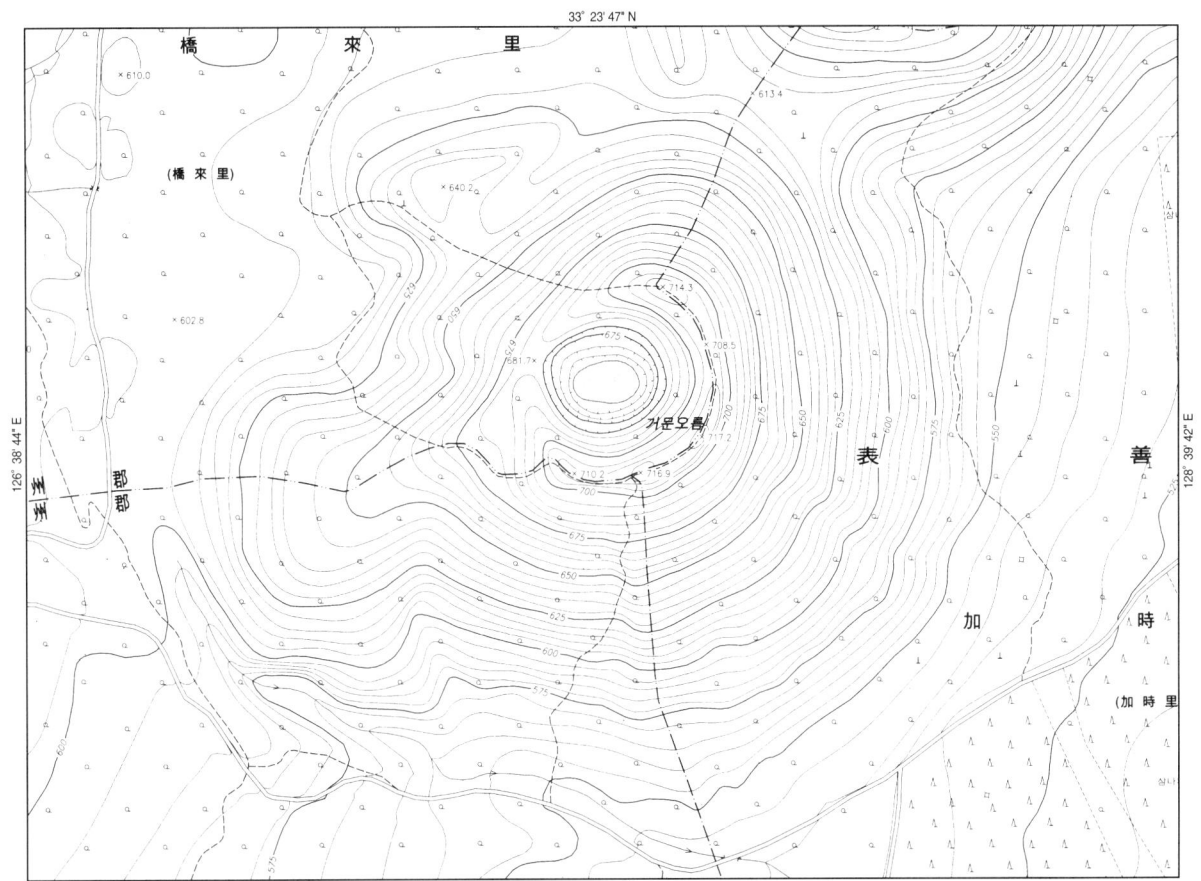

48 산굼부리 북쪽 1,000m에 자리한 민오름

| 도엽명 제주 088 | 높이 518.3m |

　민오름은 산굼부리에 인접해 있어 교통 사정이 매우 좋다. 산굼부리와 방애오름 그리고 민오름은 하나의 관광 단지로 묶어 개발해도 좋을 만큼 조건들이 좋다. 민오름은 조천읍 선흘리이고 다른 두 오름은 교래리에 속한다.

　민오름(518.3, 敏岳)의 수리적 위치는 33° 26′ 30″~53″N, 126° 41′ 33″~42′ 02″E로 동서의 너비 730m, 남북의 길이 700m이며 비고는 93m이다. 이 화산체는 518.3고지, 499.9고지, 506.4고지 등 3두봉을 이룬다. 이들 3두봉 남부에 분화구인 478와지가 있는데 비심은 10m에 불과하다.

　분화구는 거의 네모꼴이며 485 등고선과 490 등고선 사이에 나타난다. 오름 북서쪽으로 골짜기가 발달하여 화산체의 개석이 진행될 것으로 여겨진다.

　부근 일대의 지표 지질은 교래리현무암질분석구이고 주변은 교래리현무암으로 덮여 있다.

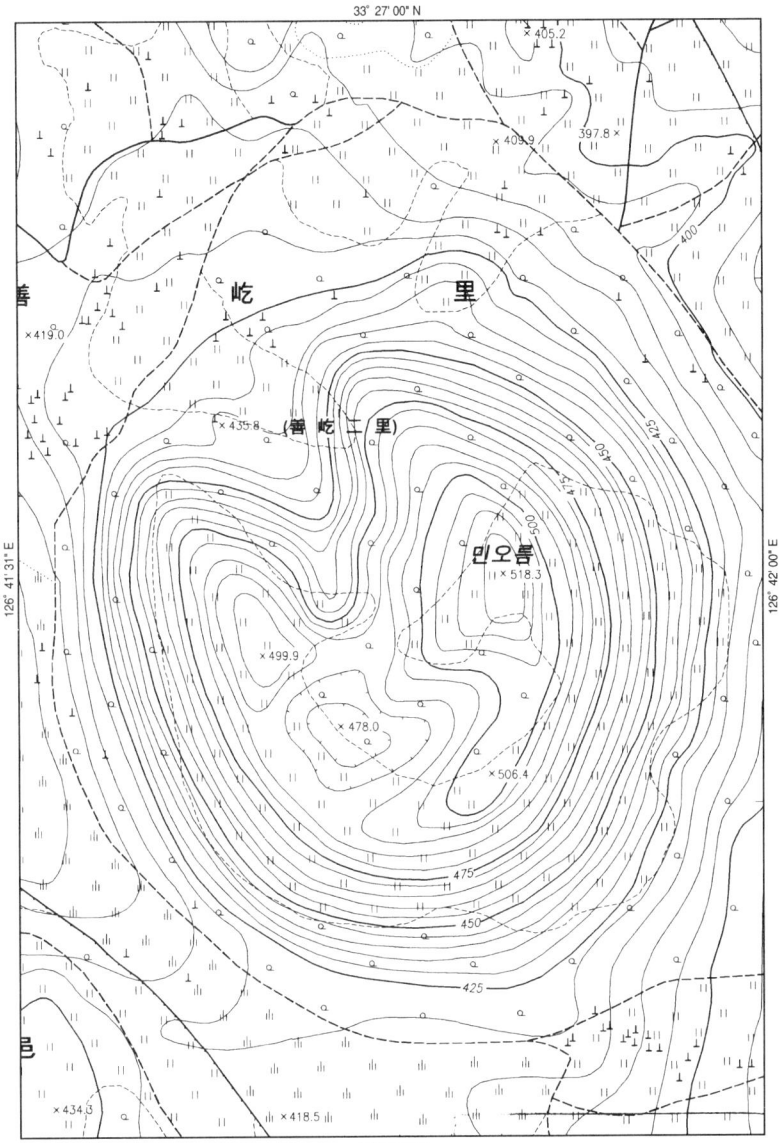

49 한라산동부횡단도로 변의 동수악

| 도엽명 서귀 019 | 높이 700.0m |

　동수악은 남제주군 남원읍 한남리와 위미리 경계에 자리 잡은 오름으로 11번 일반국도 변에서 바로 오를 수 있는 지극히 편한 오름이다. 한라산동부횡단도로 상에 주차하고 30m의 높이를 300m만 걸으면 노약자나 어린이들도 쉽게 분화구에 도달하여 제주도 화산의 진수를 음미할 수 있는 곳이기도 하다.

　동수악의 수리적 위치는 33°21′15″~34″N, 126°37′35″~57″E로 동서의 너비 550m, 남북의 길이 600m이고 5·16도로에서의 비고는 30m에 불과하다. 화산체는 주봉인 동수악 700고지에서 시계 방향으로 680.2고지, 683.5고지, 694.0고지, 그리고 675안부에서 다시 북진하면 697.7고지에 이르며 이들 외륜산에 둘러싸인 분화구 671.5와지가 있다. 와지의 직경은 200m 내외이며 비심은 5~29m이지만 동수악 남서쪽에는 깊은 계곡이 발달하고 동쪽에는 삼나무 집중 조림지가 수해를 이루고 오름의 북쪽에는 서중천 하곡이 있다.

　동수악은 물장올조면현무암질분석구이다. 오름 남서쪽 계곡은 한라산조면암이고 남부는 물장올조면현무암이다. 기타의 북동부는 성널오름조면현무암으로 덮여 있다.

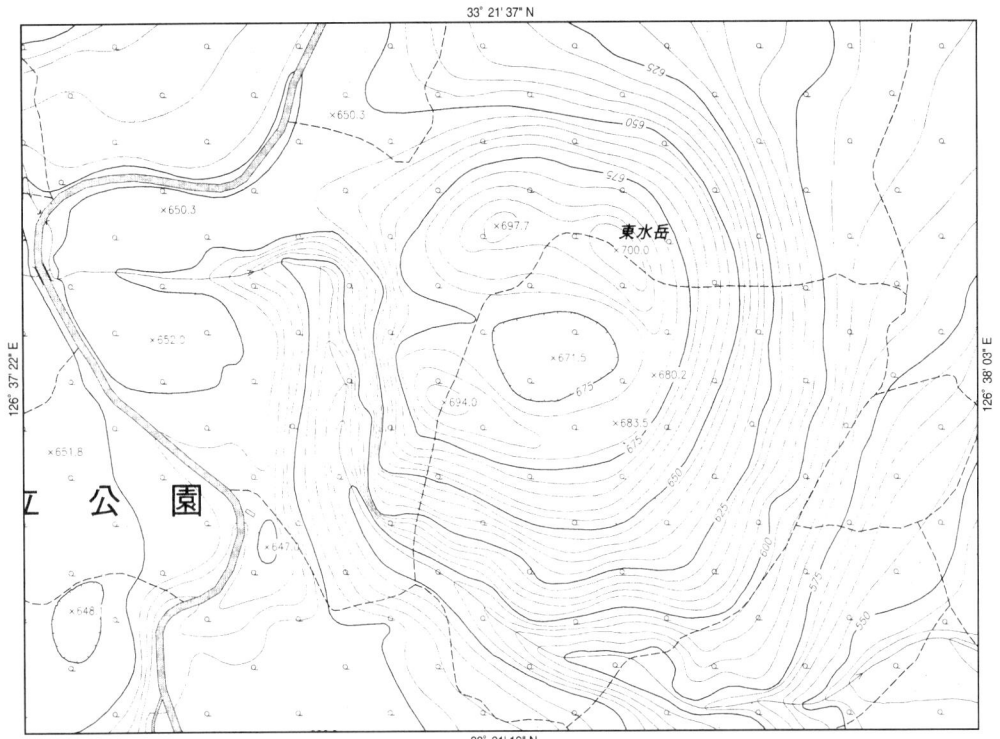

50 강풍을 동반한 눈보라 속의 돌오름 답사

| 도엽명 모슬포 027, 037 | 높이 439.6m |

    돌오름은 북제주군 한림읍 금악리와 남제주군 안덕면 서광리 경계에 자리한 오름으로 첫 등반은 오름의 북부 능선으로 시도되었으나 강한 바람으로 실패하였다. 방향을 선회하여 바람의 그늘 쪽으로 분화구를 목표로 416.2안부에 올랐다.

    돌오름의 수리적 위치는 33°19′13″~36″N, 126°19′11″~41″E로 동서의 너비는 730m, 남북의 길이는 650m이고 비고는 119.6m이다. 주봉인 439.6고지 동쪽 300m 거리에 큰 분화구가 있는데 분화구 바닥의 표고는 390.8m이고 비심은 25~41m이다.

    분화구는 완전히 둥근 깔때기형(funnel shaped)으로 사면의 경사가 심하여 화구저의 탐색은 불가능하며 검붉은 암재가 널려 있는 것으로 보아 고철질 마그마의 발포가 두드러졌던 것으로 보인다. 이와 같은 암재는 서부 주능의 동쪽 사면 일대에서도 현저한 발달을 보이고 있어 돌오름 분화구의 강력한 폭발을 시사하여 주고 있다.

    돌오름의 지질은 법정동조면현무암질분석구이며 부근 일대의 지표는 넓은 범위에 걸쳐 법정동조면현무암이 덮고 있다.

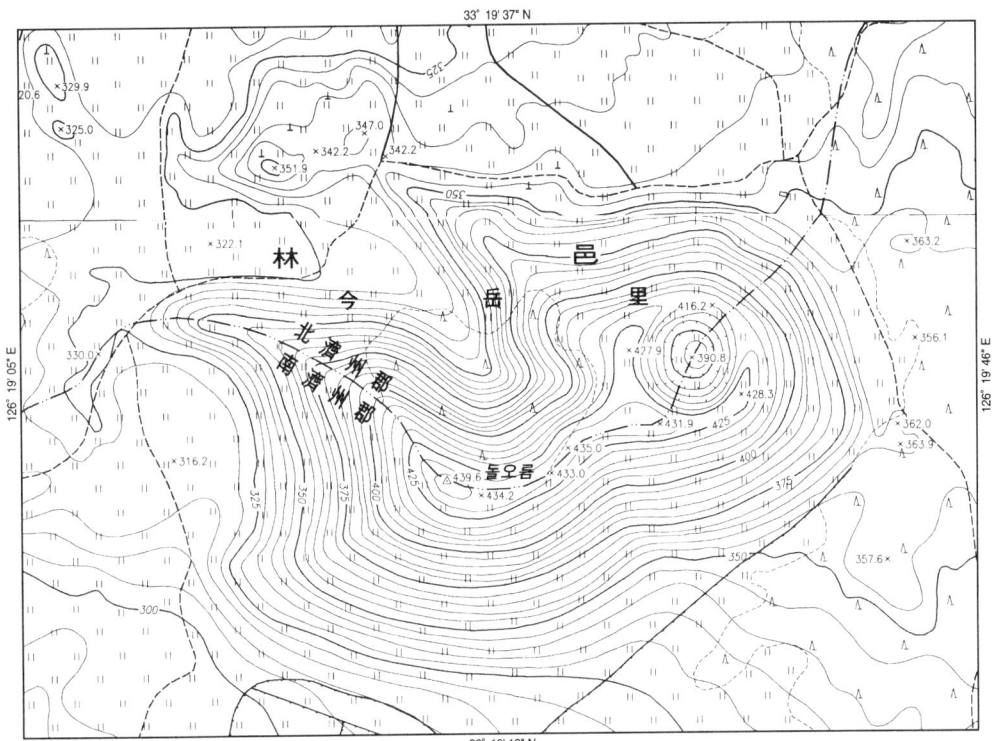

51 우도의 소머리오름과 파식동굴 '주간명월'
| 도엽명 성산 069 | 높이 132.5m |

　북제주군 우도면의 소머리오름은 섬의 최남단 천진리의 동쪽과 조일리의 남쪽에 자리를 잡은 오름으로 오름의 남동사면은 파식애 해안으로 경관이 수려하다. 그 형세가 마치 누워 있는 소의 머리와 같다고 하여 소섬(牛島)이라는 이름을 얻었다. 소머리오름 역시 우두악(牛頭岳), 우두산(牛頭山), 우두봉(牛頭峰)으로 불렸으며 도두악(島頭岳), 도두봉(島頭峰)이라는 이름도 있다.

　소머리오름(牛頭岳, 132.5)은 북쪽으로 85고지와 망동산(98.5)이 능선을 타고 연결되지만 서쪽의 87.5고지는 독립된 새끼 오름이며, 전체적으로 활 모양을 나타내고 있다. 소머리오름의 수리적 위치는 33° 29′ 09″~45″N, 126° 57′ 33″~58′ 12″E으로 동서의 너비 1,000m, 남북의 길이 1,100m이고 비고는 107m이다. 또한 소머리오름 북방 망동산에서 정북으로 500m 거리에 소머리오름의 새끼 오름 39고지가 있는데 정상의 위치는 33° 29′ 58″N과 126° 57′ 54″E의 교선이다.

　특기할 바는 파식동굴 '주간명월(晝間明月)'이 있는데 개구부의 수리적 위치는 33° 29′ 18″N, 126° 57′ 49″E의 교선이며 깎아지른 듯한 해식애 아래에 동굴 입구가 있다. 우도 선착장에서 배를 타고 우도의 남해를 1,200m 동진하여 3면이 해식애로 둘러싸인 첫 만입으로 90m 진입하면 '주간명월'에 이른다.

　주간명월이 나타나는 때는 춘분과 추분을 전후한 정오이다. 이 때에는 수면에 반사된 태양광이 파식동굴 천장에 반사되어 주간명월을 연출하게 되는데 감상할 수 있는 시간은 30분에 불과하다. 이 주간명월 관광은 다음과 같은 제약 요소들이 있다. ① 바다가 정온 할 때, ② 반듯이 정오에, ③ 음주한 자 또는 심신이 불안한 자는 제외, ④ 반듯이 경찰관의 입회 하에 출항한다 등.

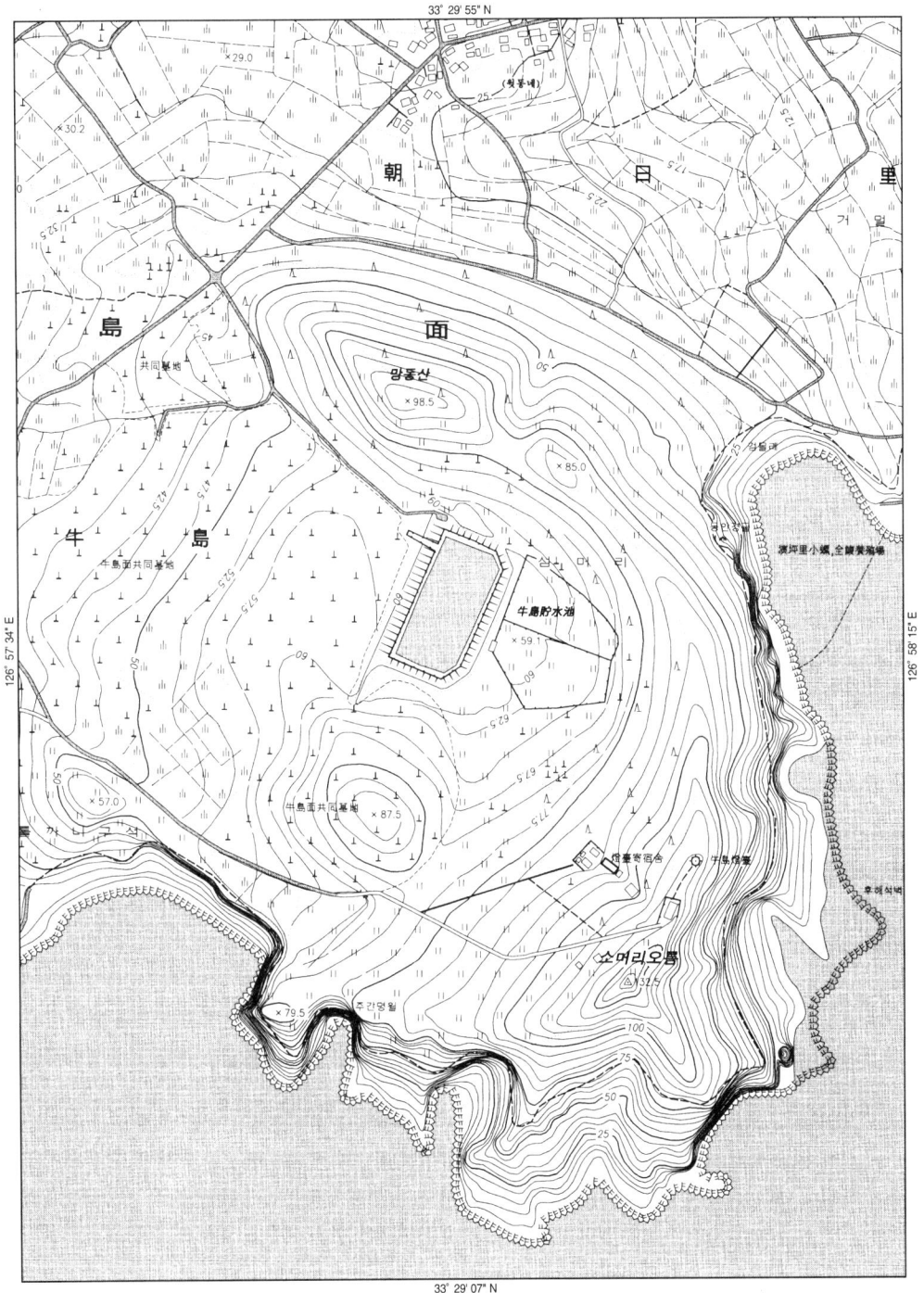

52 여러 이름으로 표기된 망오름(느지리오름)

| 도엽명 모슬포 014 | 높이 225.0m |

    오름 현장의 간판에는 느지리오름, 20세기 초에 만들어진 독부도에는 만조악(晩早岳), 현재 사용되는 지질도와 여러 지형도에는 망오름(晩岳)으로 기재되어 있다. 원래의 동명이 만조동(晩早洞)으로 마을 이름이 느지리였고, 오름의 이름도 여기에서 유래한 것이다. 현재의 동명은 상명리(上明里)이다. 망오름이라는 이름은 조선시대 망오름 최고봉인 225고지에 봉화대가 있었던 데서 유래한 것으로도 알려져 있다.

    망오름(느지리오름)은 행정구역상으로 북제주군 한림읍 상명리에 속한다. 한편 망오름 서북쪽 기슭에서 북상하는 1120번 도로에서 갈라진 옹포리행 지방도의 분기점 부근에 천연기념물 236호 쌍룡굴이 있다. 천연기념물 236호는 필자가 1983년 서울대학교 인문사회과학대학 지리학과 논문집에 연구 발표한 "2차원의 위종유동에 관한 동굴 미지형학적 연구"가 있어 애착이 가는 용암동굴이다.

    망오름의 수리적 위치는 33°21′34″~54″N, 126°15′36″~55″E로 동서의 너비 550m, 남북의 길이 550m의 거의 네모진 모양새를 이루고 있다. 화산체는 최고봉인 225고지와 180m 북방의 206.6고지가 초승달 모양으로 동쪽을 향하여 휘어져 있는데 그 사이에 망오름 분화구인 151.2와지가 있다.

    망오름의 분화구는 160m의 비교적 큰 직경을 가졌으며 비심은 34~74m에 이르는 깔때기형(funnel shaped) 화구이다. 한편 분화구 남동쪽 능선을 사이에 두고 인접된 또 다른 분화구가 있는데 그 직경은 60m에 이르나 비심은 10m 내외로 접시형(pan shaped)이다. 이러한 분화구의 모습으로 화산 활동을 추리하여 보면, 깔때기형은 강력한 폭발을 상징하며 접시형은 후화산 작용으로 만들어진 것으로 생각된다.

    오름 일대의 지표 지질을 살펴보면 망오름은 광해악현무암질분석구이며 오름 주변은 광해악현무암으로 덮여 있다.

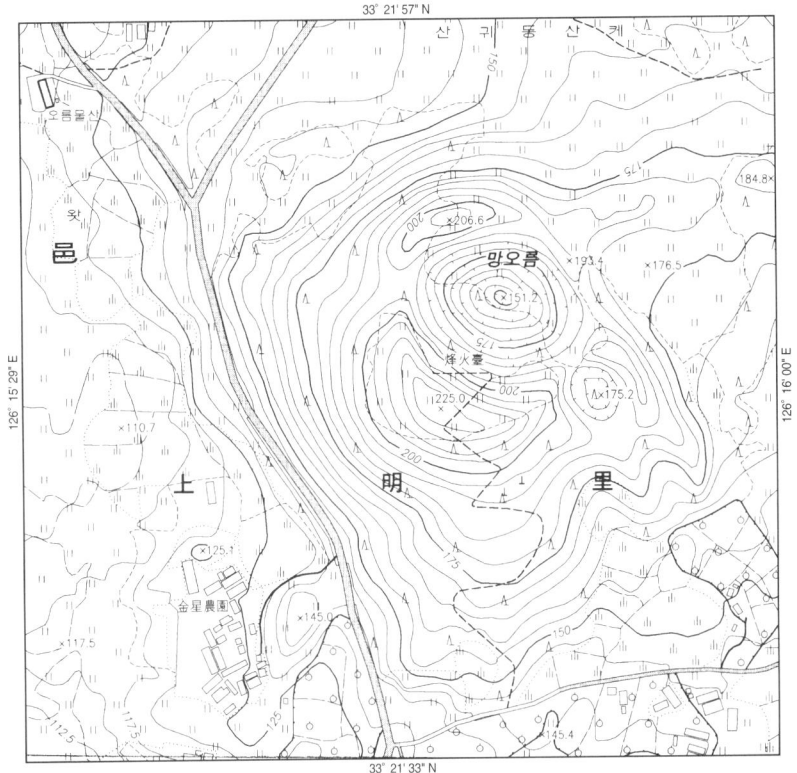

오름의 원석 간판에는 느지리오름으로 기재되어 있다. 그러나 지도 상에는 망오름으로 기재되어 있다. 원래 상명리의 이름이 느지리였고 오름 이름도 이 마을 이름에서 온 것이다.

53 송악산 남쪽 앞바다에 솟은 가파도

| 도엽명 모슬 094/095 | 높이 20.5m |

속담의 '가파도 마라도 좋다'라는 말은 채권자와 채무자가 송악산에 올라 멀리 남해에 가물거리는 가파도와 마라도를 손짓하며 중얼거린 재치 있는 농담일 것이다.

가파도(加波島)는 행정구역상 남제주군 대정읍 가파리에 속하며 수리적 위치는 33° 09′ 38″~10′ 21″N, 126° 15′ 59″~16′ 53″E이다. 대정읍 남단에서 2,150m 앞 바다에 자리 잡고 있는 대지상(臺地狀)의 화산섬으로 동서의 너비 1,390m, 남북의 길이 1,350m에 총면적 0.84km²이다. 1964년 우락기의 조사에 의하면 1,101명이던 인구는 1986년 842명으로 줄어, 산업화의 진전에 따른 이촌향도의 영향이 뚜렷한 곳이다.

가파도에는 상동포구와 하동포구를 이어 주는 도로가 있고, 동부 해안을 끼고 도는 포장된 도로가 있다. 주요 공공시설은 가파초등학교, 새마을회관, 농협창고, 어촌계사무실이며 접안 시설

해상에서 바라본 가파도의 모습으로 섬의 가장 높은 곳이 해발 20.5m인 대상지이다. 동서의 너비 1,390m, 남북의 길이 1,350m에 총면적은 0.84km²로 마라도의 3배에 가깝다.

로는 상동포구와 가파포구가 있다. 전통 지명으로는 물앞밭, 벼락왓, 짓단지밭 등이 있다.

전체 해안은 용암의 보호를 받으며 용암초를 방파제로 내해를 이루며 용암 방파제와 내해에는 특색 있는 이름들이 붙여져 있다. 예컨대 별통안 남부르코지, 까마귀들, 바람바위, 뒤성빌레, 자장코지, 물앞이물, 목그친여, 큰앞근녀, 팽풍덕, 큰통깍, 주충난여, 계엄주리코지, 갬주리왕돌, 주제기여, 큰웅지물, 넙개, 불락코지 등이 바위에 부쳐진 이름들이다.

가파도의 화산 활동은 홍적세의 최후빙기인 뷔름 빙기에 생성되었고 염기성이 강한 유동성 용암의 일류(溢流)로 순상화산체를 만들었다. 후빙기의 해면 상승으로 오늘에 이르렀고 섬 주변은 해파의 침식으로 용암제를 만들었고 평탄한 대상지(台狀地) 모양의 가파도가 완성되었다. 가파도를 구성한 지표 지질은 강정동현무암질조면안산암이다.

54 우리나라의 극남에 자리 잡은 마라도

마라도는 우리나라의 극남으로 동서의 너비 530m, 남북의 길이 1,300m의 고구마와 같은 모양을 한 좁고 긴 섬이며 총면적은 0.3km²로 가파도의 1/3보다 약간 크다. 마라도 최대 축척의 지형도는 1:25,000이며 1:5,000 지형도는 아직까지도 발행되지 않았다.

마라도의 총인구는 100명 내외이다. 최근에는 송악산 부근의 산이물에서 마라도로 가는 관광 유람선이 운항되어 수많은 사람들이 마라도를 찾고 있어 공전의 대성황을 이루고 있다. 마라도는 행정적으로는 대정읍의 마라리에 속하며 가파도초등학교 마라분교를 설치하였으나 실제로는 우리나라의 극남이란 점에서 가파도보다도 활력이 넘치는 섬이 되었다.

마라도의 화산 활동과 섬의 생성 과정도 가파도와 크게 다를 바 없어 홍적세의 빙기와 간빙기의 해면 승강운동(eustasy)과 밀접히 관련되어 있다.

해상에서 바라본 마라도 전경. 마라도는 우리나라의 극남이며 그 면적은 0.3km²에 불과하지만 수산 자원과 국방상에서 차지하는 비중은 매우 크다.

마라도 전경

마라도에 상륙하는 사람은 누구를 막론하고 쓰레기 처리 비용 1,000원을 내야 한다. 마라도 전경을 담은 항공사진이 있어 섬의 현황을 살필 수 있다.

　마라도의 가장 높은 곳의 표고는 34m이며 관광객을 위해 만들어 놓은 섬 일주도로가 있으나 별다른 교통 수단이 없음으로 활용도는 매우 낮은 편이다.
　마라도를 구성하는 지표 지질은 제주도의 남서 지역을 광범위하게 덮고 있는 광해악현무암이다. 군산(軍山)과 동일한 가파도의 강정동현무암질조면안산암과는 다르며 층서학적으로 가파도보다는 마라도가 신기에 해당된다.

참고문헌

1. 김상호, 1963, "제주도의 자연지리", 『지리학』 제1호, 대한지리학회, 서울.
2. 문화재관리국, 1970, 「제주도용암동굴」, 『한국의 동굴』.
3. 김봉균, 1974, "제주도에 발달하는 사구 층의 고생물학적연구", 『지질학회지』 제10권 제2호, 대한지질학회, 서울.
4. 오홍석, 1974, "제주도의 취락에 관한 지리학적연구", 동국대학교 박사학위논문, 서울.
5. 원종관, 1975, "제주도의 형성과정과 화산활동에 관한 연구", 건국대학교 박사학위논문, 서울.
6. 제주도, 1987, 『제주의 화산동굴』, 제주.
7. 한태흥, 1993, "제주도 연안 해 빈과 사구에 관한 연구", 경희대학교 박사학위논문, 서울.
8. 남궁준, 1979, "제주도 용암동굴군의 동물상과 그 환경", 『한국동굴학회지』, 한국동굴학회, 서울.
9. 原口九萬, 1931, "濟州道の地質", 『朝鮮地質調査要報』 10-1, 朝鮮總督府 地質調査所, 서울.
10. 우락기, 1966, 「제주도」, 『대한지지』 제1권, 한국지리연구소.
11. 뿌리깊은나무, 1983, 『한국의 발견-제주도』, 서울.
12. 한국동력자원연구소, 1987, 『응용지질』 제주도중남부지역.
13. 문화재청, 2005, 『제주 용천 동굴 기초학술조사보고서』, 서울.
14. 손인석, 2005, 『제주도의 천연동굴』, 제주.
15. 村山磐, 1977, 『日本の火山災害』, 講談社, 東京.
16. 村山磐, 1973, 『火山活動と地形』, 大明堂, 東京.
17. 高木隆史, 1977, 『大地震65の防災法』, 金園社, 東京.
18. 張虎男, 1986, 『火山』, 地震出版社, 北京.
19. 小林国夫 外, 1982, 『氷河時代』, 岩波書店, 東京.
20. 横山泉 外, 1992, 『火山』, 地球科学選書, 岩波書店, 東京.
21. 伊東徳治 外, 1997, 『最終氷期の自然と人類』, 共立出版(株), 東京.
22. Simon Winchester 原著, 柴田裕之 譯, 2004, 『クラカトアの大噴火』, 早川書房, 東京.
23. 下鶴大輔, 2000, 『火山のはなし』, 朝倉書店, 東京.
24. Cliff Ollier 原著, 太田陽子 譯, 1991, 『火山』, 古今書院, 東京.
25. 水野浩雄, 1998, 「天災豫知は可能か」, 『豫測の科学と人々の暮らし』, 勁草書房, 東京.
26. 産業技術綜合研究所 地質調査綜合センター, 2004, 『火山-噴火に挑む』, 丸善株式会社, 東京.
27. 守屋以智雄, 1983, 『日本の火山地形』, 東京大学出版会, 東京.
28. 松本征男 外, 1981, 『阿蘇火山』, 東海大学出版会, 東京.
29. G. B. Oakeshott 原著, 中村一明 外 譯, 1980, 『地震と火山』 大自然の猛威, (株)サイエンス社, 東京.
30. 伊東和明, 2002, 『地震と噴火の日本史』, 岩波新書, 東京.
31. 松本征男, 1987, 『火山の一生』, 青木書店, 東京.
32. 共立出版(株), 2005, 『日本の地質』(增補版), 東京.

33. 岩波書店, 1995, 「九州」, 『日本の自然』 地域編, 東京.
34. 共立出版(株), 1992, 「九州地方」, 『日本の地質』, 東京.
35. 藤田和夫, 1983, 『日本の山地形成論 – 地質学と地形学の間』, 蒼樹書房, 東京.
36. 鹿島愛彦, 1991, 『すねぐろの地学行脚』, 松山.
37. Foreign Languages Book, 1993, *Geology of Korea*, Publishing House, Pyong Yang.
38. Planet Earth Series, 1982, *Volcano*, Time-Life Book Inc., N.Y.
39. Decker, Decker, 1980, *VOLCANOES*, Freeman Co., N.Y.
40. Katia & Maurice Krafft, 1979, *Volcanoes*, Hammond Inc., Ohio U.S.
41. R & B DECKER, 2001, *Volcanoes in America's National Parks*, N.Y.
42. Wendel A. D., 1997, *Volcanoes of North Arizona*, Grand Canyon Association.
43. Maurice Krafft 원저. 진미선 역, 1995, 『화산 – 지구의 불꽃』, 시공사, 서울.
44. 김주환, 2002, 『지형학』 제8장 화산지형, pp.241-274, 동국대학교출판부, 서울.
45. 김우관, 2000, 『지형학』 제5장 화산에 의한 지형, pp.207-260, 형설출판사, 서울.
46. 권혁재, 1990, 『지형학』 제13장 화산지형, pp.411-452, 법문사, 서울.
47. 권동희, 2006, 『한국의 지형』 제11장 화산지형, pp.197-222, 도서출판 한울, 서울.
48. J. Tricart, 1974, *Structural Geomorphology*, pp.209-281, Longman, London.
49. Power of Nature, 1978, *National Geographic Society*, pp.48-85, Washington D/C.
50. H. Wilhelmy 原著, 谷岡武雄 譯, 1978, 『地形学 1』, pp.76-109, 地人書房, 東京.
51. 北京大・南京大・上海大 地理系合 編, 1978, 『地貌学』, pp.236-237, 新華書店, 北京.
52. don j. easterbrook, 1969, *Principle Geomorphology*, McGraw-hill, N.Y.
53. von Engeln, 1953, *Geomorphology*, pp.589-618, Macmillan Co., N.Y.
54. A. K. Lobeck, 1939, *Geomorphology*, pp.647-699, McGraw-Hill, N.Y.
55. Hinds, 1943, *Geomorphology*, pp.221-318, Prentice Hall, N.Y.
56. William. D. Thornbury, 1954, *Geomorphology*, pp.488-512, Toppan Co., N.Y.

참고문헌

1. 김상호, 1963, "제주도의 자연지리", 『지리학』 제1호, 대한지리학회, 서울.
2. 문화재관리국, 1970, 「제주도용암동굴」, 『한국의 동굴』.
3. 김봉균, 1974, "제주도에 발달하는 사구 층의 고생물학적연구", 『지질학회지』 제10권 제2호, 대한지질학회, 서울.
4. 오홍석, 1974, "제주도의 취락에 관한 지리학적연구", 동국대학교 박사학위논문, 서울.
5. 원종관, 1975, "제주도의 형성과정과 화산활동에 관한 연구", 건국대학교 박사학위논문, 서울.
6. 제주도, 1987, 『제주의 화산동굴』, 제주.
7. 한태흥, 1993, "제주도 연안 해 빈과 사구에 관한 연구", 경희대학교 박사학위논문, 서울.
8. 남궁준, 1979, "제주도 용암동굴군의 동물상과 그 환경", 『한국동굴학회지』, 한국동굴학회, 서울.
9. 原口九萬, 1931, "濟州道の地質", 『朝鮮地質調査要報』 10-1, 朝鮮總督府 地質調査所, 서울.
10. 우락기, 1966, 「제주도」, 『대한지지』 제1권, 한국지리연구소.
11. 뿌리깊은나무, 1983, 『한국의 발견-제주도』, 서울.
12. 한국동력자원연구소, 1987, 『응용지질』 제주도중남부지역.
13. 문화재청, 2005, 『제주 용천 동굴 기초학술조사보고서』, 서울.
14. 손인석, 2005, 『제주도의 천연동굴』, 제주.
15. 村山磐, 1977, 『日本の火山災害』, 講談社, 東京.
16. 村山磐, 1973, 『火山活動と地形』, 大明堂, 東京.
17. 高木隆史, 1977, 『大地震65の防災法』, 金園社, 東京.
18. 張虎男, 1986, 『火山』, 地震出版社, 北京.
19. 小林国夫 外, 1982, 『氷河時代』, 岩波書店, 東京.
20. 横山泉 外, 1992, 『火山』, 地球科学選書, 岩波書店, 東京.
21. 伊東徳治 外, 1997, 『最終氷期の自然と人類』, 共立出版(株), 東京.
22. Simon Winchester 原著, 柴田裕之 譯, 2004, 『クラカトアの大噴火』, 早川書房, 東京.
23. 下鶴大輔, 2000, 『火山のはなし』, 朝倉書店, 東京.
24. Cliff Ollier 原著, 太田陽子 譯, 1991, 『火山』, 古今書院, 東京.
25. 水野浩雄, 1998, 「天災豫知は可能か」, 『豫測の科学と人々の暮らし』, 勁草書房, 東京.
26. 産業技術綜合研究所 地質調査綜合センター, 2004, 『火山-噴火に挑む』, 丸善株式会社, 東京.
27. 守屋以智雄, 1983, 『日本の火山地形』, 東京大学出版会, 東京.
28. 松本征男 外, 1981, 『阿蘇火山』, 東海大学出版会, 東京.
29. G. B. Oakeshott 原著, 中村一明 外 譯, 1980, 『地震と火山』 大自然の猛威, (株)サイエンス社, 東京.
30. 伊東和明, 2002, 『地震と噴火の日本史』, 岩波新書, 東京.
31. 松本征男, 1987, 『火山の一生』, 青木書店, 東京.
32. 共立出版(株), 2005, 『日本の地質』(増補版), 東京.

33. 岩波書店, 1995, 「九州」, 『日本の自然』地域編, 東京.
34. 共立出版(株), 1992, 「九州地方」, 『日本の地質』, 東京.
35. 藤田和夫, 1983, 『日本の山地形成論 – 地質学と地形学の間』, 蒼樹書房, 東京.
36. 鹿島愛彦, 1991, 『すねぐろの地学行脚』, 松山.
37. Foreign Languages Book, 1993, *Geology of Korea*, Publishing House, Pyong Yang.
38. Planet Earth Series, 1982, *Volcano*, Time-Life Book Inc., N.Y.
39. Decker, Decker, 1980, *VOLCANOES*, Freeman Co., N.Y.
40. Katia & Maurice Krafft, 1979, *Volcanoes*, Hammond Inc., Ohio U.S.
41. R & B DECKER, 2001, *Volcanoes in America's National Parks*, N.Y.
42. Wendel A. D., 1997, *Volcanoes of North Arizona*, Grand Canyon Association.
43. Maurice Krafft 원저. 진미선 역, 1995, 『화산 – 지구의 불꽃』, 시공사, 서울.
44. 김주환, 2002, 『지형학』 제8장 화산지형, pp.241-274, 동국대학교출판부, 서울.
45. 김우관, 2000, 『지형학』 제5장 화산에 의한 지형, pp.207-260, 형설출판사, 서울.
46. 권혁재, 1990, 『지형학』 제13장 화산지형, pp.411-452, 법문사, 서울.
47. 권동희, 2006, 『한국의 지형』 제11장 화산지형, pp.197-222, 도서출판 한울, 서울.
48. J. Tricart, 1974, *Structural Geomorphology*, pp.209-281, Longman, London.
49. Power of Nature, 1978, *National Geographic Society*, pp.48-85, Washington D/C.
50. H. Wilhelmy 原著, 谷岡武雄 譯, 1978, 『地形学 1』, pp.76-109, 地人書房, 東京.
51. 北京大·南京大·上海大 地理系合 編, 1978, 『地貌学』, pp.236-237, 新華書店, 北京.
52. don j. easterbrook, 1969, *Principle Geomorphology*, McGraw-hill, N.Y.
53. von Engeln, 1953, *Geomorphology*, pp.589-618, Macmillan Co., N.Y.
54. A. K. Lobeck, 1939, *Geomorphology*, pp.647-699, McGraw-Hill, N.Y.
55. Hinds, 1943, *Geomorphology*, pp.221-318, Prentice Hall, N.Y.
56. William. D. Thornbury, 1954, *Geomorphology*, pp.488-512, Toppan Co., N.Y.